其二

牧方駅《ひらかたのえき》泥町《どろまち》

土人賣食
盪舟民嘲
罵募錢何
所欺猶惡
不嫌如爵
蠏恰供支
膝倦眠時

嶋棕隱

監修者——五味文彦／佐藤信／高埜利彦／宮地正人／吉田伸之

［カバー表写真］
「拾箇国絵図」
（部分）

［カバー裏写真］
「橋本・山崎の眺望」
（円山応挙『淀川両岸図巻』）

［扉写真］
「枚方駅泥町」
（松川半山『澱川両岸一覧』）

日本史リブレット 93

近世の淀川治水

Murata Michihito
村田路人

目次

治水史からみる近世淀川

　琵琶湖《びわこ》に水源をもち、大阪湾にそそぐ淀川は、近畿地方のうちで最大の河川である。近世においては、まず瀬田《せた》(勢多)川、そして宇治《うじ》川と名を変え、山《やま》城国《しろのくに》淀(現、京都府伏見《ふしみ》区)で右岸に桂《かつら》川、左岸に木津《きづ》川をあわせたのちは淀川と称して、左右両岸に多くの河川の水を受けつつ大阪平野を流下し、大阪湾にそそいでいた。一七〇四(宝永《ほうえい》元)年に大和《やまと》川が付け替えられるまでは、大坂城の北側で、大和川をあわせていた。また、途中でまず神崎《かんざき》川、そして中津《なかつ》川を分流していた。

　淀川の最下流部に位置する大坂は、豊臣《とよとみ》政権期においては全国統治の拠点であり、徳川《とくがわ》政権期においても、幕府《ばくふ》直轄都市として、経済はもとより政治・軍事において枢要の地であった。淀川をいかにおさめ、いかに利用するかは、単に一地域の問題ではなく、時の政権担当者が直面した国家的重要課題であったといってよい。

さて、近世の淀川を歴史的に考察するには、水害、治水、利水機能、水運、軍事機能、開発、漁業その他の生業、淀川の風物をめぐる文芸・芸術など、さまざまな視角が考えられるが、本書では、治水史的観点からその歴史をたどることにしたい。近世においては、淀川の水害をまぬがれるための施策や、水害後の復旧システムの構築が、それぞれの時期において追求された。これらは、その時どきの政治・社会の質、とりわけ政権の性格に規定されたものであり、近世淀川の治水史は、近世の政治史・政権史を映しだしているといってよい。本書は、近世淀川の治水システムの変遷を、それぞれの時期の政権の質やそれがめざしたものに留意しつつ明らかにしようとする試みである。

ところで、近世淀川の治水システムは、近世畿内《きない》治水システムの中核をなすものであるが、近世的な畿内治水システムが追求されはじめるのは豊臣政権期の文禄《ぶんろく》期（十六世紀末）である。その後、徳川政権期にはいって何度かの制度的

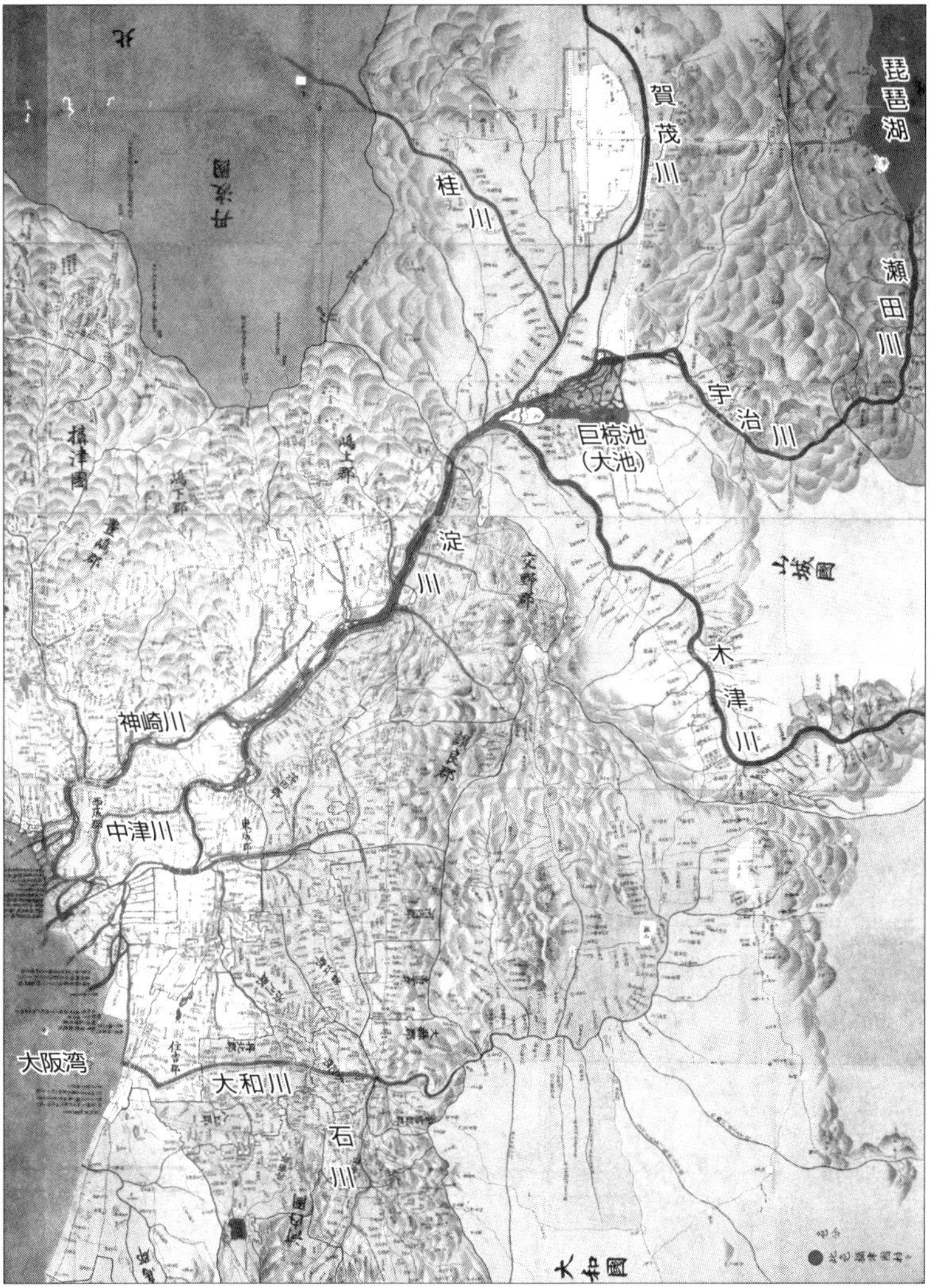

●──畿内の諸河川(「拾箇国絵図」より)　原図はカバー表写真参照。

変遷をへたのち、徳川八代将軍吉宗《よしむね》▲の享保《きょうほう》期（十八世紀初期）にいたる。享保期には、かなり思い切った制度改革が行われるが、その後は大きな変化は認められない。したがって、本書の叙述は、文禄期から享保期までの一三〇年ほどのあいだが中心となる。

なお、前述のように、狭義の淀川は山城国淀以下の流れをさすが、本書では、琵琶湖から流れ出、大阪湾に達する流れ、すなわち瀬田（勢多）川・宇治川をも含めた流れ全体を淀川ととらえている。

▼**徳川吉宗**　一六八四〜一七五一年。御三家《ごさんけ》の紀伊《きい》徳川氏から徳川宗家《そうけ》にはいり、八代将軍となった。一七一六（享保元）年から四五（延享《えんきょう》二）年まで将軍職にあり、享保の改革を進めた。

①―豊臣政権期の淀川

宇治川の流路変更

　中世においては、みるべき工事のなかった淀川であるが、近世にはいると積極的に改修工事が行われるようになる。その先駆けをなしたのが、一五九四(文禄《ぶんろく》三)年、豊臣秀吉《とよとみひでよし》▲の命によって行われた宇治《うじ》川の流路変更工事である。

　これは、巨椋池《おぐらいけ》に流れ込んでいた宇治川を同池から分離し、同池の東側から北側にまわり込むように迂回させ、淀にいたるようにしたものである。それまで宇治川は、宇治橋の少し下流から、三筋の流れとなって、同池にそそいでいたといわれる。秀吉は、新宇治川の左岸に槙島堤《まきしまつつみ》を築くとともに、巨椋池のなかに向島《むかいじま》から小倉《おぐら》にいたる小倉堤を築いている。また、新宇治川には伏見城《ふしみじょう》下町《かまち》南端と向島とを結ぶ豊後橋《ぶんごばし》(観月橋《かんげつきょう》)をかけ、伏見から小倉堤をとおって大和《やまと》街道にはいることができるようにした。あわせて宇治橋の撤去を行っている。

　この工事は、伏見城およびその城下町の建設と軌を一にして行われたもので

▼**豊臣秀吉**　一五三七〜九八年。尾張《おわり》出身で織田信長《おだのぶなが》に仕え、近江《おうみ》長浜《ながはま》城主となる。信長の死後、全国統一事業を進め、一五九〇(天正十八)年に統一を達成した。太閤検地などを実施し、近世社会の基礎を築いた。

ある。『宇治市史』2は、伏見城下町建設と宇治川流路変更を関連させてとらえ、秀吉の構想を次のように推測している。すなわち、⑴奈良から京都にいたる通路として古くからあった宇治橋経由のコースを、宇治橋の撤去によって否定する、⑵同年の淀城の破却により、宇治橋経由のコースとならぶ、西の主要コースをも否定する、⑶豊後橋の架橋と小倉堤の築造、伏見城下の南北の通りである京町通《きょうまちどおり》の建設により、小倉堤から豊後橋をへ、京町通に続くコースを、二つの古都を結ぶ唯一無二のコースとする、⑷槇島堤を築き、宇治川の流路を伏見城下に導くことにより、交通の遮断線を宇治の谷口《たにぐち》から伏見までのあいだに延長設定し、城下において渡河交通を管理掌握する、というものである。

この推測のうち、⑵については判断を保留したいが、他の諸点については、おそらく的を射ていると思われる。宇治川の流路変更と槇島堤の築造という点に関していえば、宇治川を伏見城に引きよせて外港を設けるとともに、豊後橋付近での水陸交通一元支配をめざしたことはまちがいないだろう。

この点については、小出博の見方も参考になる。小出によれば、水深が浅く、島や洲が発達した巨椋池は舟運上不安定であるため、上流に琵琶湖《びわこ》を有し、渇

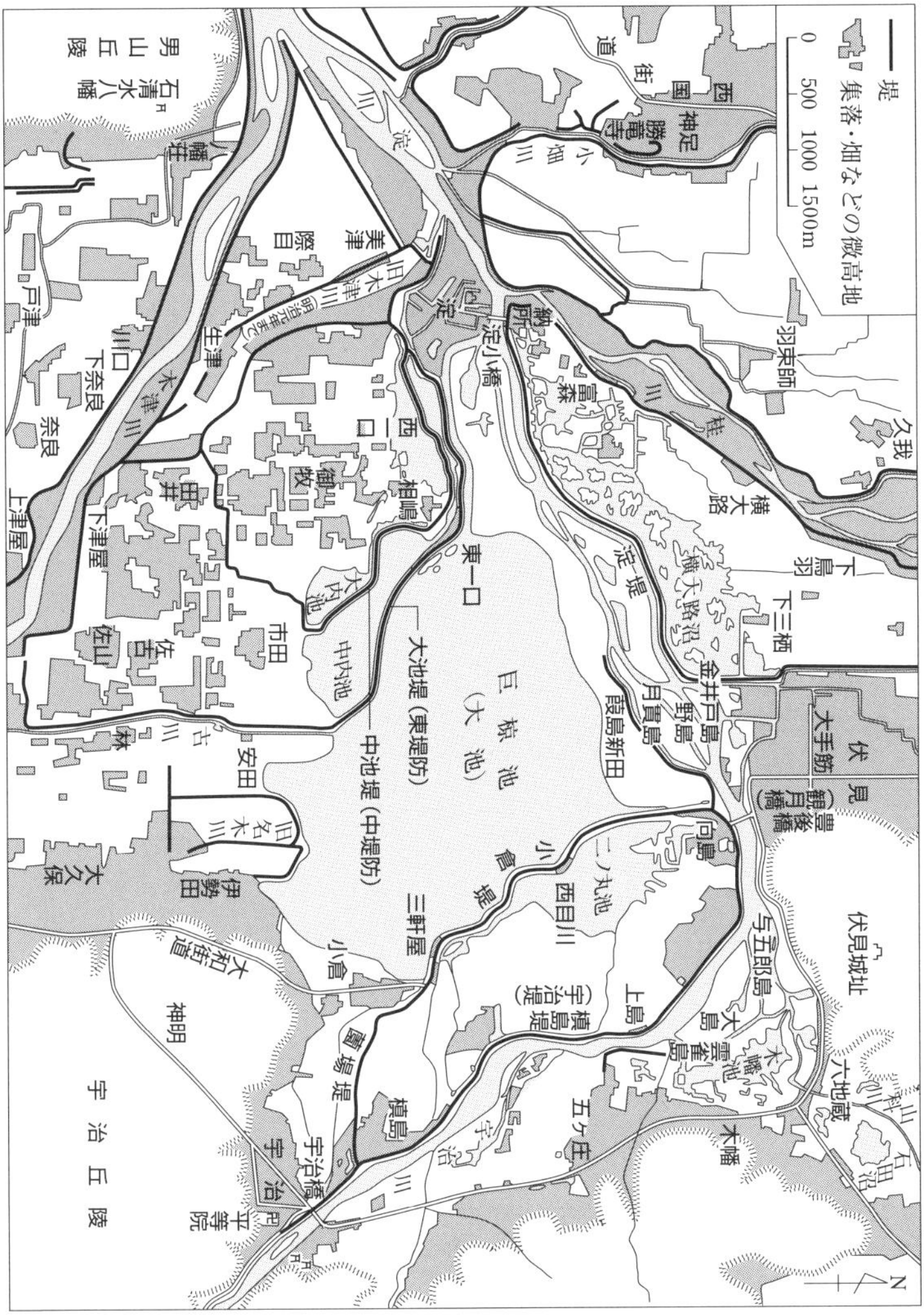

●—宇治川流路変更図（林屋辰三郎・藤岡謙二郎編『宇治市史』2より）

水流量の豊富な宇治川を巨椋池から分離して独立河川とし、航路としての機能をもたせたというのである（小出、一九七五）。

ここで注意したいのは、両者がいずれも、宇治川の流路変更の理由として、治水効果をあげていないことである。むしろ、この工事によって、新宇治川周辺地域は水害に見舞われる可能性が高くなったというのが事実のようである。『宇治市史』2によれば、宇治川右岸の五ヶ庄《ごかのしょう》の南に位置する羽戸《はど》村（現、京都府宇治市）辺りや巨椋池西側で水害が増大したという。宇治川の流路変更とそれにともなう築堤は、治水的観点からみれば、かなり無理をともなったものであったといえるのである。織豊《しょくほう》政権期において、大名《だいみょう》が城下町を建設する際、従来の街道《かいどう》や河川を付け替えることがあったが、秀吉による宇治川の流路変更も、それと同様の性格のものであったといってよいだろう。

ところで、二〇〇七（平成十九）年、宇治市歴史資料館が、宇治橋のやや下流の現宇治川（今問題にしている新宇治川）右岸において発掘調査を行った。その結果、宇治川流路変更当時のものと思われる堤防護岸の遺構が検出された。それは、堤防の法面下部に石積みをほどこし、法面上半部から馬踏《ばふみ》（堤防の上の道路

●──**発掘された豊臣期宇治川堤防**　南側(上流側)から北方向(下流側)を望む。「石出し」がせりだしている状況がよくわかる。

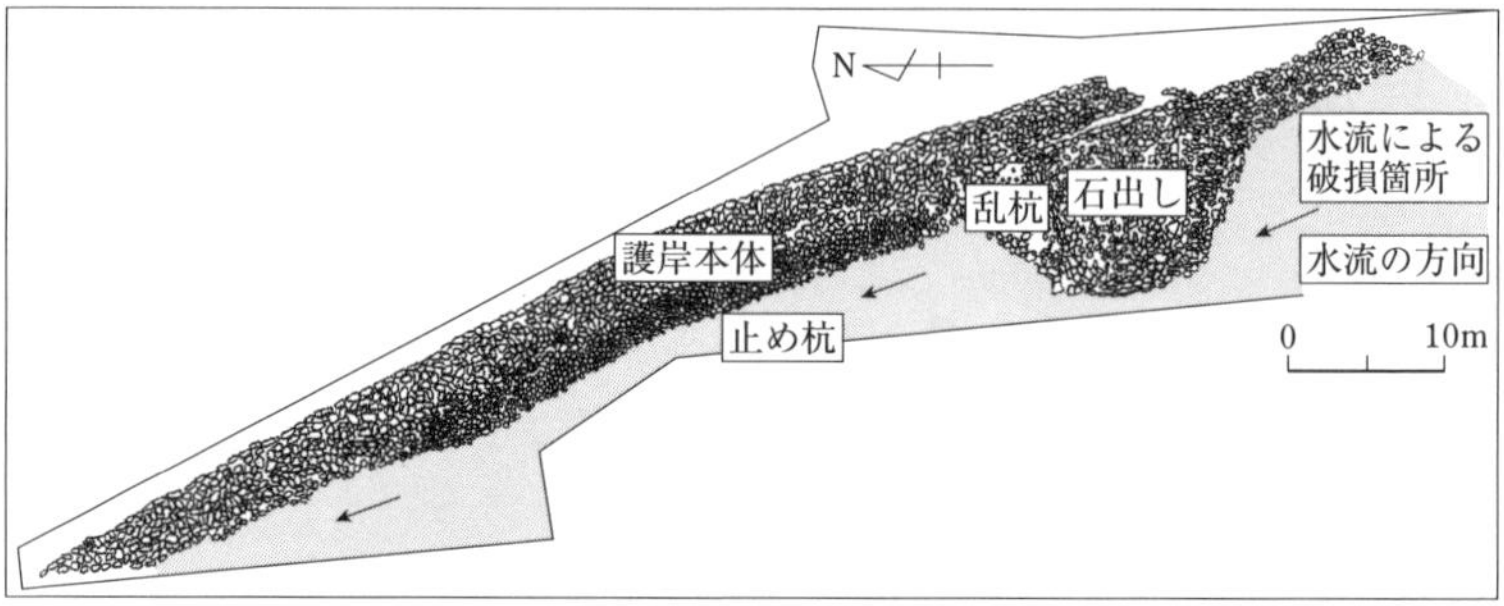

●──豊臣期宇治川堤防平面図(2007年9月8日宇治川護岸遺跡〈太閤堤〉現地説明会資料〈宇治市歴史資料館作成〉より)

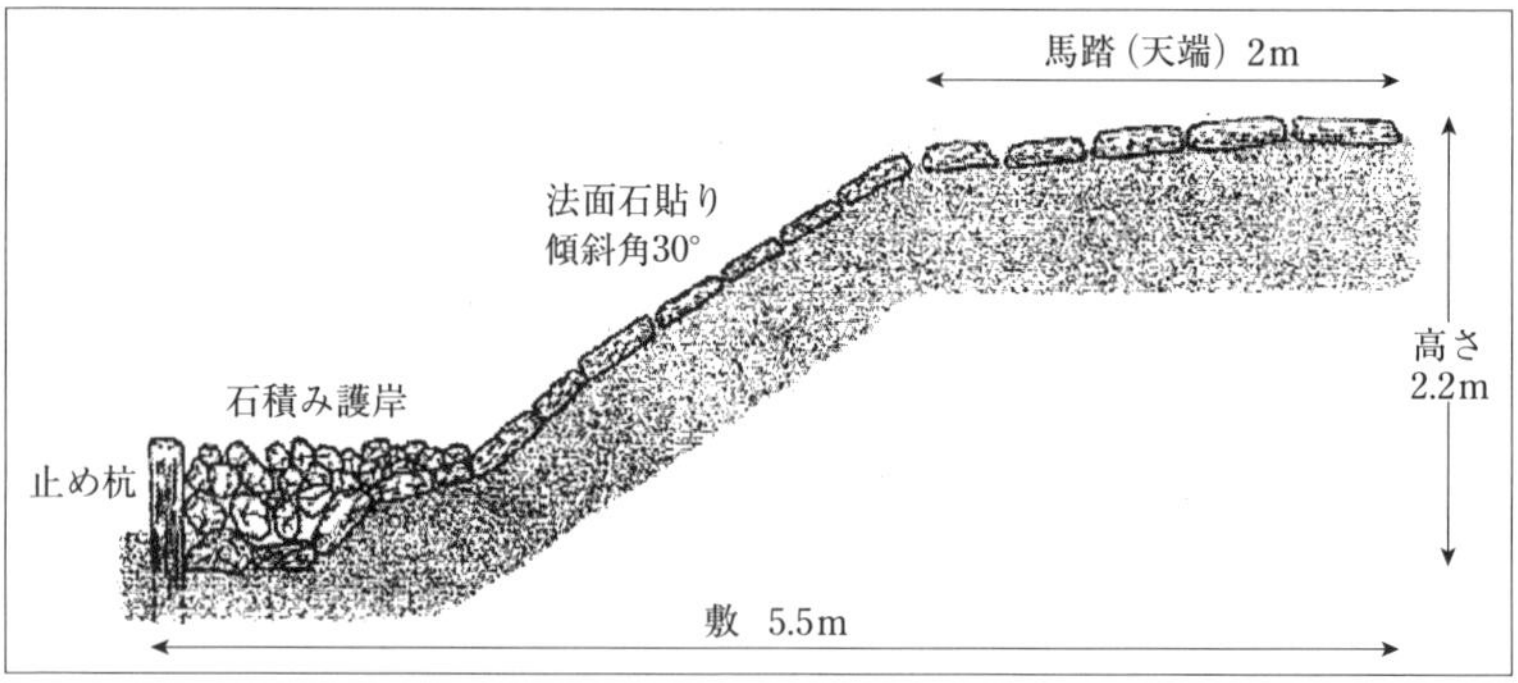

●──豊臣期宇治川堤防の構造(同上)

部分)にかけて石貼《いしば》りを行ったものである。沿岸部分には、直径二〇センチの松杭が止め杭として打たれていた。この護岸工事は、調査区域の堤防全体にわたってほどこされていた。

一方、石出《いしだ》しも確認された。これは、基部の幅約九メートル、長さ八・五メートルの平面台形状の石垣積みで、内部には割石が詰められていた(宇治川護岸遺跡〈太閤堤《たいこう》〉現地説明会〈二〇〇七年九月八日〉資料、宇治市ホームページによる)。石出しは出しの一種で、川中に突きださせて水の流れを制御するものである。

従来、秀吉の命によって築造された堤防の実態については、ほとんどわかっていなかっただけに、この遺構発見はきわめて意義深いものであるが、この調査結果をみると、宇治川の流路変更に際して行われた堤防築造の技術は、かなり高度なものであったことがわかる。つまり、新宇治川そのものの治水に関しては、当時最新の技術を用いた治水工事が行われたといってよい。しかし、巨椋池周辺地域全体にとっては、むしろ治水環境は悪化した可能性が高いのである。

文禄堤の築造

一五九六(文禄五＝慶長《けいちょう》元)年二月、秀吉は諸大名に対し、伏見から大坂にいたる淀川両岸の堤防築造を命じた(「吉川家譜《きっかわかふ》」『大阪編年史』第二巻)。「当代記」(『史籍雑纂』第二)には、河内国《かわちのくに》の堤は関東衆が築いたとある。これがいわゆる文禄堤で、以後、堤防上は交通路として利用されることになった。左岸堤防上の交通路は京街道といわれ、東海道《とうかいどう》の一部であった。この年の六月十三日付で、安国寺恵瓊《あんこくじえけい》▲と福原広俊《ふくはらひろとし》が吉川広家《きっかわひろいえ》▲に対してだした連署注文《れんしょちゅうもん》(『大日本古文書　家わけ第九　吉川家文書之二』)には、摂津国《せっつのくに》側、すなわち淀川右岸で一万五二八一間《けん》(約二七・五キロ)のうち、山崎《やまさき》辺りの四〇〇〇間(約七・二キロ)分の堤防を広家が担当したことが示されている。

この普請《ふしん》が行われていた同年閏七月、伏見大地震が発生し、伏見城は大破した。八月十日付で、豊臣五奉行《ごぶぎょう》の一人である増田長盛《ましたながもり》が広家に送った書状(同右)には、広家が堤普請を手ぬかりなく進めていることについて「尤《もっと》もに存じ候《そうろう》」と記している。

一般的には、文禄堤の築造によって、淀川の堤防ははじめて連続堤になった

▼**安国寺恵瓊**　?〜一六〇〇年。安芸《あき》出身の禅僧《ぜんそう》で、使僧《しそう》(外交僧)として織田信長や豊臣秀吉らに信任された。秀吉から伊予《いよ》六万石をあたえられたが、一六〇〇(慶長五)年の関ヶ原《せきがはら》の戦いで西軍につき、敗北後捕えられて処刑された。

▼**吉川広家**　一五六一〜一六二五年。吉川元春《もとはる》の子。関ヶ原の戦いでは西軍の総大将となった従兄弟の毛利輝元《もうりてるもと》と毛利家の保全に力をつくした。戦い後、長州《ちょうしゅう》藩の支藩である周防岩国《すおういわくに》藩の藩主となった。

●―発掘された文禄堤(河内国茨田《まんだ》郡枚方宿《ひらかたしゅく》跡〈現,大阪府枚方市〉)

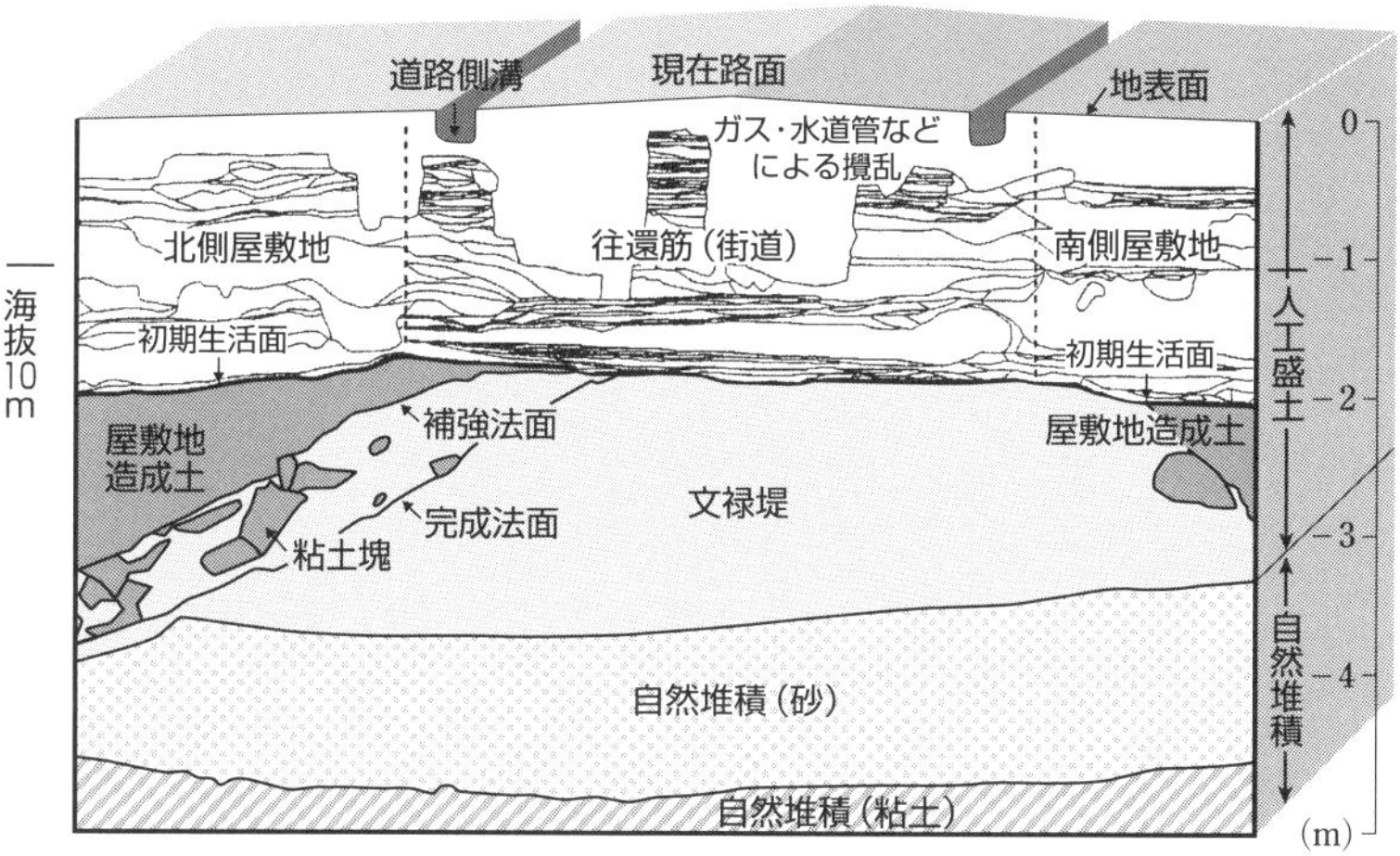

●―文禄堤断面模式図(同上。枚方市教育委員会編『枚方宿の陶磁器』より)

といわれる。しかし、この点を確かめるすべは今のところなく、その治水効果のほども、実際には不明というほかない。前述の宇治川の流路変更の検討を踏まえれば、文禄堤の築造は、第一義的には大坂と伏見を結ぶ交通路の整備という点にあった可能性もある。

文禄堤については、その名が有名である割には実態がよくわかっていない。右の点を踏まえ、今後の検討がまたれるところである。ともあれ、豊臣政権期、宇治川の流路変更と文禄堤の築造によって、淀川の姿は大きく変貌したといってよい。

国役普請

近世の淀川堤の修復には、国役普請《くにやくぶしん》という普請形式が採用された。これは、淀川だけでなく、大和川など、畿内《きない》の大河川の堤防修復に一般的に用いられたものである。国役とは、所領《しょりょう》の別なく一国全体に石高《こくだか》を基準に課される役のことで、中世において、内裏《だいり》造営などのため、荘園《しょうえん》・国衙《こくが》領の別なく一国全体に課された一国平均役に由来する。国役普請は、近世になってはじめて登場するもので、一国あるいは複数国から石高に応じた人足《にんそく》が出、堤普請に従事する普請形式である。

近世の淀川堤に対し、いつから国役普請が行われるようになったのかは不明であるが、後世の史料によると、豊臣政権期の一五九二(文禄元)年には行われていたようである。一六七八(延宝《えんぽう》六)年に摂津国能勢《のせ》郡のうち代官中村杢右衛《だいかんなかむらもくえ》門《もん》および同豊嶋権之丞《としまごんのじょう》の支配下にあった幕領《ばくりょう》村々が、検地《けんち》担当大名の高槻《たかつき》藩《はん》▲永井《ながい》氏の検地奉行に対してだした「入木由緒書《にゅうぼくゆいしょがき》」(『能勢町史』第3巻)には、次のような経緯があったことが記されている。

すなわち、一五九二年より秀吉側室淀殿《そくしつよどどの》の御台所《みだいどころ》への入木役(薪役《たきぎやく》)をつとめ、その役替りとして能勢郡は「国役御普請人足」を免除されていたところ、二七年以前に当時の大坂町《まち》奉行▲より国役普請もおおせつけられるようになったというのである。この文書の眼目は、現在は、入木・入炭役をつとめているうえに国役普請人足役も負担しているので考慮してほしいというところにある。当時、畿内の幕領村々には延宝検地が実施されつつあり、能勢郡幕領村々は、この機会をとらえて国役普請人足役を免除してもらおうと目論んだのである。

▼**高槻藩**　摂津国島上《しまかみ》郡高槻(現、大阪府高槻市)に本拠があった譜代《ふだい》藩。藩主は、新庄《しんじょう》氏・内藤《ないとう》氏・土岐《とき》氏・松平《まつだいら》氏・岡部《おかべ》氏と続いたあと、一六四九(慶安《けいあん》二)年に永井氏が入部し、以後明治維新《いしん》まで同氏が藩主であった。永井氏時代は三万六〇〇〇石。

▼**大坂町奉行**　遠国《おんごく》奉行の一つで、一六一九(元和《げんな》五)年に設置された。大坂および周辺国(初め摂津・河内、のち和泉《いずみ》・播磨《はりま》が加わる)を支配した。老中《ろうじゅう》支配で定員二人。東西の奉行所があり、それぞれ与力《よりき》・同心《どうしん》が付属していた。

一六七九（延宝七）年に能勢郡幕領村々がしたためた別の「入木由緒書」（同書）には、入木役の代償として「国役堤御普請」を免除する旨を記した石田三成《いしだみつなり》・長《な》束正家《つかまさいえ》・増田長盛・前田玄以《まえだげんい》による証文を今も所持しているとあるから、その詳細は不明ながら、一五九二年段階に国役による堤普請が行われていたことはまちがいない。淀川の堤は、文禄堤の築造以前より国役による普請によって維持されていたのである。

なお、二七年以前とあるのは、史料の記載の誤りで、正しくは二六年以前▲である。これは一六五三（承応《じょうおう》二）年で、後述の摂河国役普請制度成立の年にあたる。

▼**二六年以前**　当時の用法では、一般に何年以前という場合は、その数字から一減じた数を引くことになる。したがって、二六年以前とは二五年前のことである。

②—十七世紀の淀川川筋問題と幕府の治水策

土砂流出による川床上昇と土砂留令

十七世紀にはいると、淀川筋には大きな問題が発生する。それは、土砂流入による川床上昇と水行の滞《とどこお》りという問題である。これは、淀川筋だけに限らず、大和《やまと》川筋でもみられた事態であった。

一六六〇(万治《まんじ》三)年四月十九日、奈良奉行《ぶぎょう》▲中坊時祐《なかのぼうときすけ》が伊勢国津藩《いせのくにつはん》▲主藤堂《しゅとうどう》高次《たかつぐ》の家老《かろう》に対し、同年三月十四日付で、老中《ろうじゅう》稲葉正則《いなばまさのり》・同阿部忠秋《あべただあき》・同松《まつ》平信綱《だいらのぶつな》が上方郡代《かみがたぐんだい》水野忠貞《みずのただざだ》・同五味豊直《ごみとよなお》および中坊に対してだした指示を伝達している(『日本林制史資料　津藩・彦根《ひこね》藩』)。その指示とは、「山城《やましろ》・大和・伊《い》賀《が》三カ国の山間部では木の根を掘るので、洪水の際、淀川・大和川筋に土砂が流出して川が埋まる。したがって、今後は木の根を掘らぬようにし、そのうえで苗木を継続して植えるよう、厳しく触れられよ」というものである。中坊は、この老中の指示に加えて、砂山に松その他の苗木を毎年植えることを藤堂氏領内に厳しく触れるようにとの一文をそえている。土砂流出を防ぐためにだされ

▼奈良奉行　遠国《おんごく》奉行の一つで、一六一三(慶長《けいちょう》十八)年に設置された。奈良を支配するとともに、大和国一国に対しても寺社支配などの広域支配権を有していた。老中支配で定員一人。与力《よりき》・同心《どうしん》が付属していた。

▼津藩　伊勢国安濃《あのう》郡津(現、三重県津市)に本拠があった外様《とざま》藩。富田《とみた》氏のあとをうけ、一六〇八(慶長十三)年に藤堂高虎《たかとら》が入部して以降は、明治維新期まで藤堂氏が藩主であった。十七世紀後期以後、二七万石。

たものであるので、これを土砂留令の名で呼んでよいだろう。

当時、藤堂氏の所領《しょりょう》は伊賀・伊勢・山城・大和にまたがっていた。一方、中坊は奈良奉行として、大和一国に対するある種の広域支配権を有していた。したがって、これは、中坊が藤堂氏に、大和国の同氏領内における木の根掘取り禁止と植林励行を要請したものと考えられる。山城国に所領を有する諸領主には、同様の形で、水野・五味が指示したのであろう。

この老中連署状《れんしょじょう》から、当時、淀川・大和川筋に流れ込む諸川の上流山間部では、木の根を掘るという行為が盛んに行われ、しかも植林をおこたっていたため、土砂が淀川・大和川筋に流出する事態が進行していたことがわかる。では、木の根を掘るとは、なにを目的とした行為なのだろうか。

一六六六(寛文《かんぶん》六)年二月、万治三年土砂留令を継承する形で、ふたたび土砂留令が畿内《きない》の村々にだされた。「山川《やまがわ》掟《おきて》之《の》覚《おぼえ》」(二一ページ写真参照)と題するもので、三カ条からなる。大坂町《まち》奉行石丸定次《いしまるさだつぐ》名で摂津《せっつ》・河内《かわち》両国にだされたもの(河内国交野《かたの》郡津田《つだ》村「三宅家文書《みやけけもんじょ》」)の第一条は、「近年は山々の草木の根まで掘りとるので、風雨の際、川筋に土砂が流出して水の流れがとどこおる、したがって、今後は草木の根を掘りとることを禁止する」というものである。この寛文六年土砂留令を検討した塚本学は、木の根として、燈火用の松の根や、薬種としてのうこ木の根など、草の根として、薬種や食用わらび根を想定している。いずれも、それ自体として需要のあるものである(塚本、一九七九)。

ところで、水本邦彦は、当時の山間部からの土砂流出の基本的原因を、草肥《くさごえ》確保のため、定期的な火入れや樹木伐採によって草山《くさやま》状態を維持していたことにみている(水本、二〇〇三)。草山は、はげ山や砂山と紙一重の状態であり、土砂災害や堤防決壊の原因になっていたというのである。

水本の指摘はそのとおりであろう。しかし、土砂流出の主要因を草山維持に求めるのは、やや無理がある。万治三年・寛文六年土砂留令にある草木の根の掘取りが、草山を維持するために不可欠であったことが証明されていないからである。土砂留令にいうところの草木の根が、塚本の想定するものであるかどうかは、なお検討の余地があるが、草山維持とならんで、草木の根の掘取りが土砂流出の原因であったことは事実であろう。

ともあれ、十七世紀中期になると、淀川筋では土砂流入問題が深刻化しつつ

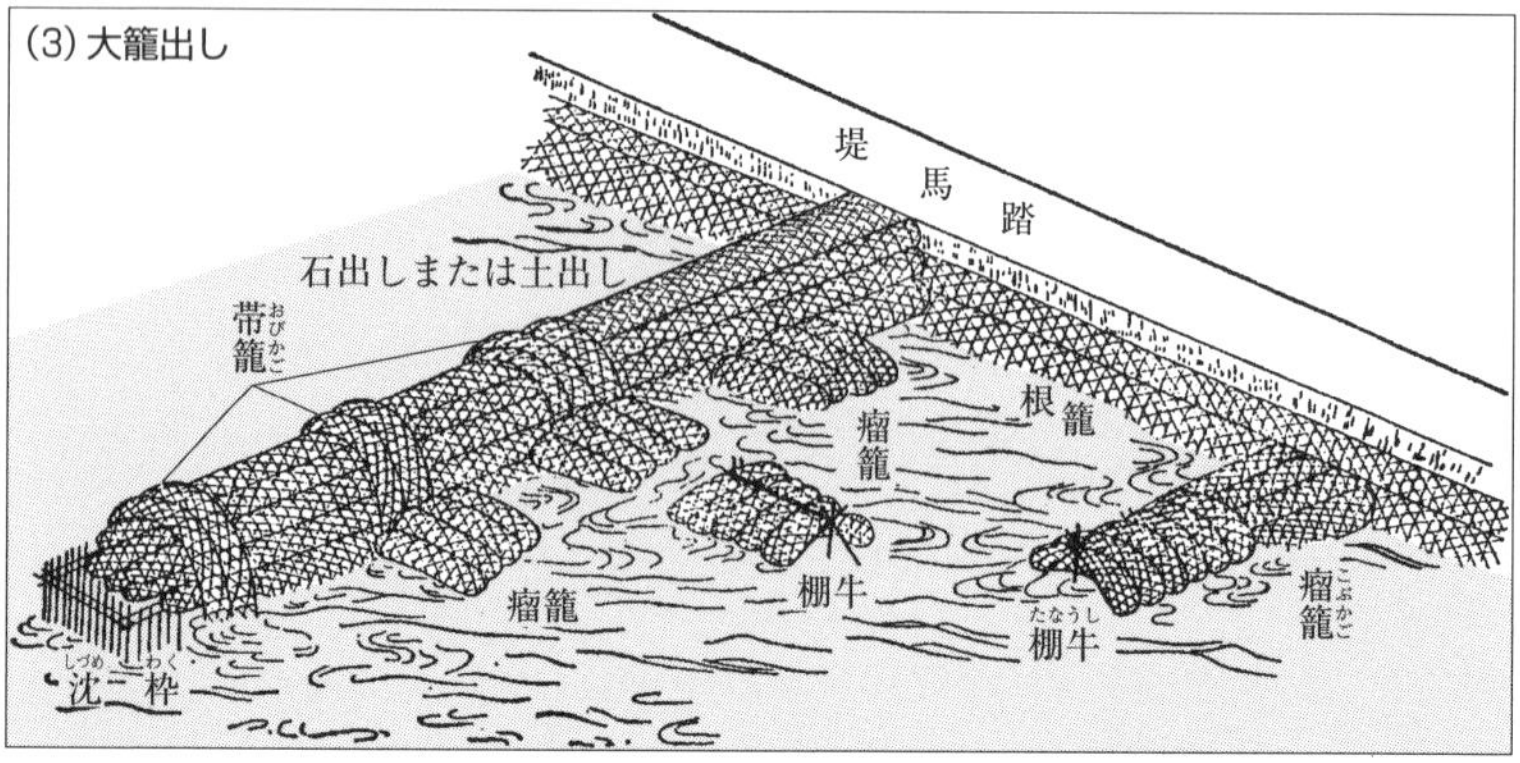
(3) 大籠出し
堤馬踏
石出しまたは土出し
帯籠《おびかご》
根籠
瘤籠
棚牛
瘤籠
棚牛《たなうし》
瘤籠《こぶかご》
沈《しづめ》枠《わく》

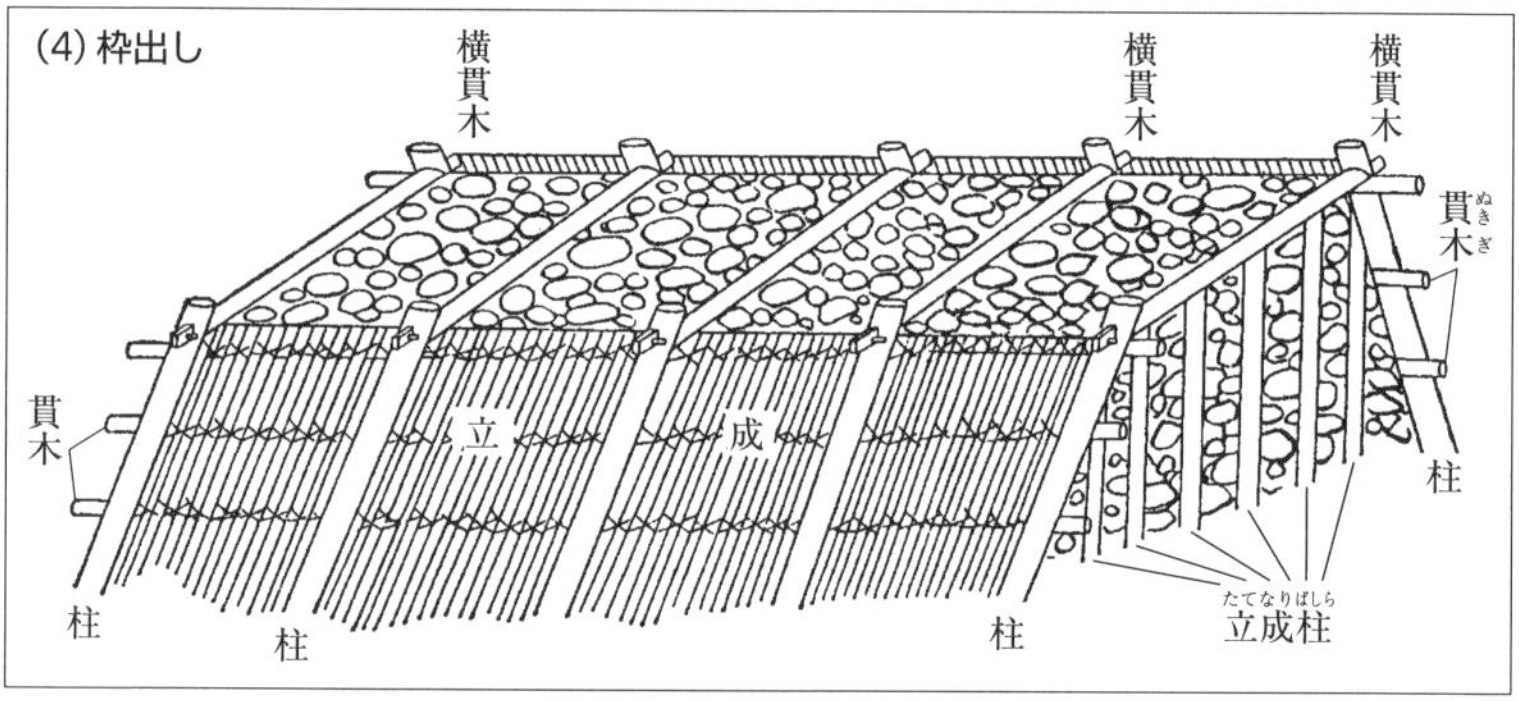
(4) 枠出し
横貫木
横貫木
横貫木
貫木《ぬきぎ》
貫木
立
成
柱
柱
柱
柱
立成柱《たてなりばしら》

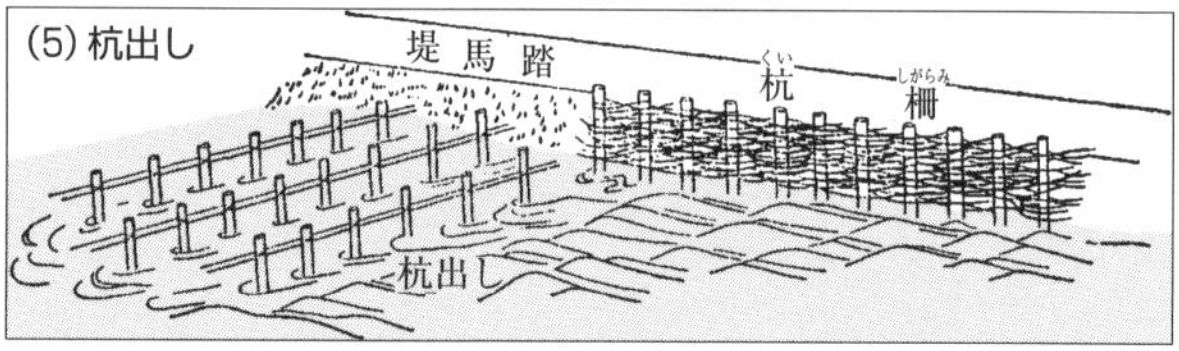
(5) 杭出し
堤馬踏
杭《くい》
柵《しがらみ》
杭出し

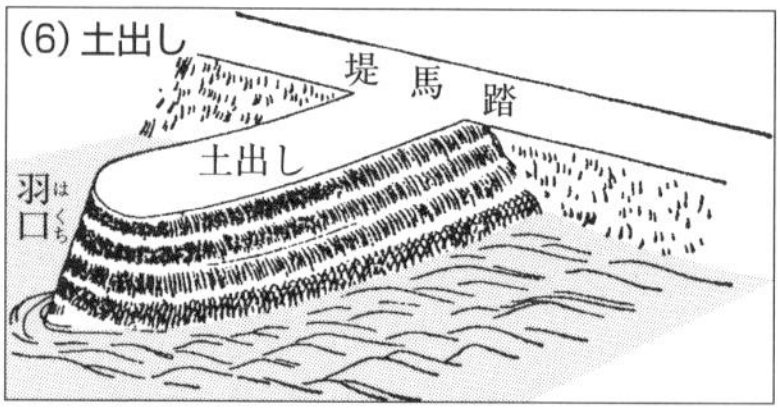
(6) 土出し
堤馬踏
土出し
羽口《はくち》

●──各種の「出し」②

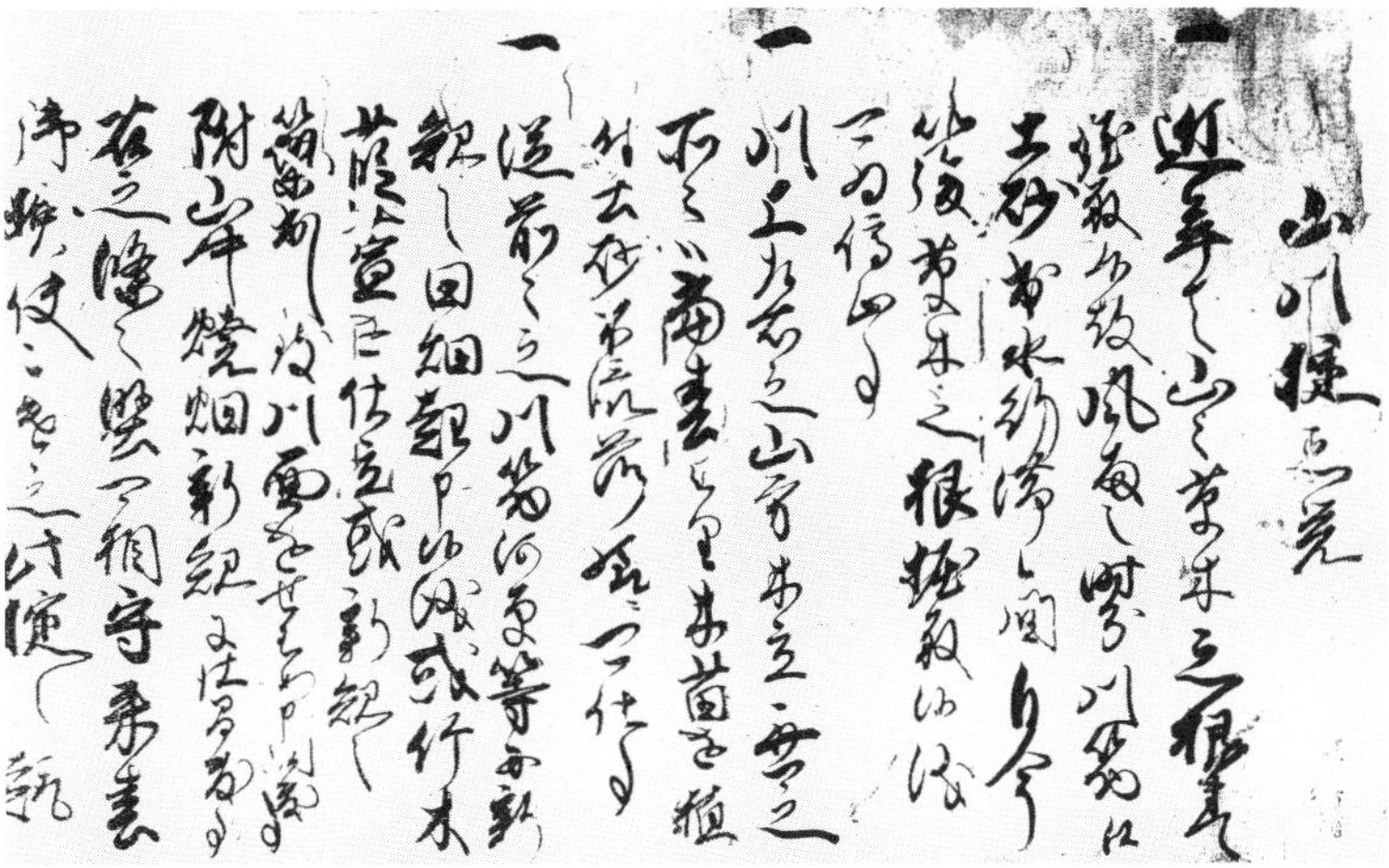

●―「山川掟之覚」(河内国交野郡津田村〈現，大阪府枚方市〉「三宅家文書」)

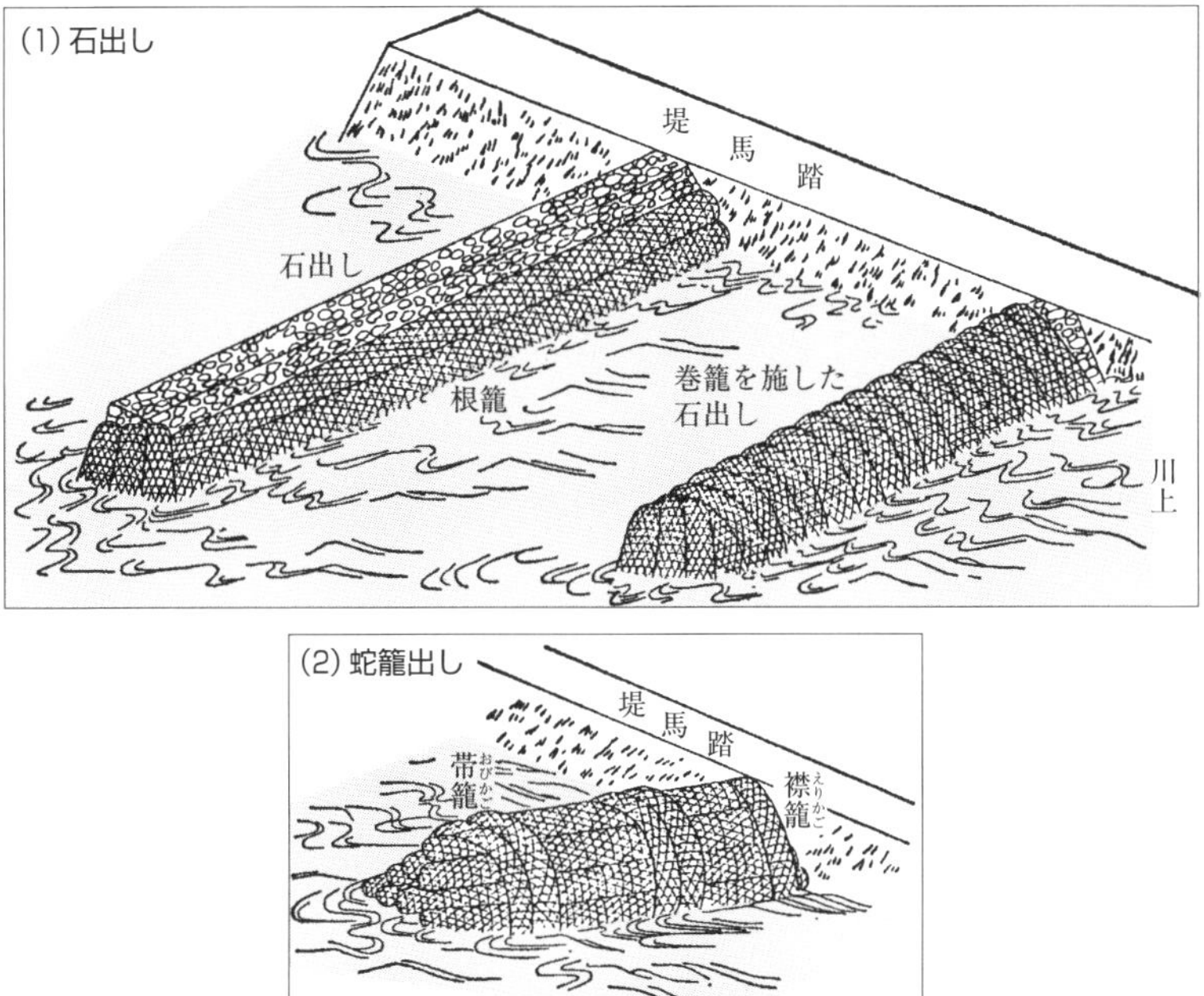

●―各種の「出し」①(大石慎三郎校訂『地方凡例録』下巻より作成)　(1)石出し，(2)蛇籠出し，(3)大籠《おおかご》出し，(4)枠《わく》出し，(5)杭《くい》出し，(6)土《つち》出し。

あった。土砂流入によって引き起こされる問題とは、万治三年土砂留令では川筋が埋まること、寛文六年土砂留令では水行すなわち水の流れがとどこおることであった。土砂が流入すると川床が上昇するとともに、島や洲ができやすくなる。川床上昇は平常時の水位の上昇を招き、島や洲の形成は水の円滑な流れを妨げる。ともに洪水時の水害の危険性を増大させる原因となった。

このほか、水の円滑な流れを妨げていたものに、ある種の水制施設の設置がある。寛文六年土砂留令第三条では、新規の突出しを行うことにより、川幅を狭めることを禁じている。突出しは水制工の一種で、川水の勢いを制御したり、流れの向きを変更したりする工事のことである。さきにふれた宇治川の石出し設置も、突出しの一つである。新規の突出し設置は護岸のための措置であるが、川幅を狭め、水の円滑な流れを妨げる結果をもたらしていたのである。

このように、十七世紀中期、淀川では水害の原因となる川床上昇と水行滞りという事態が進行しており、幕府《ばくふ》としては、なんらかの対応をとる必要に迫られていた。その対応策の一つが土砂留令の発布であった。土砂留令は、後述するように、その後一六八四(貞享《じょうきょう》元)年三月にもだされている。

寛文期畿内河川整備事業

淀川その他、畿内近国諸河川で進行していた深刻な事態に、幕府は土砂留令だけで対処しようとしたのでは、もちろんない。実は、十七世紀後半期以降十八世紀初頭までの期間において、幕府は四回にわたって中央から役人を派遣し、積極的な畿内河川整備事業を行っている。第一回目は一六六五(寛文五)年から七一(同十一)年にかけて行われたもの(寛文期畿内河川整備事業)、第二回目は八三(天和《てんな》三)年から八七(貞享四)年にかけて行われたもの(貞享期畿内河川整備事業)、第三回目は九八(元禄《げんろく》十一)年から翌年にかけて行われたもの(元禄期畿内河川整備事業)、第四回目は一七〇四(宝永《ほうえい》元)年に行われたもの(大和川付替普請)である。もちろん、河川の見分《けんぶん》や普請《ふしん》のために中央から役人が派遣された例はこれ以外にもあるが、体系的な治水プランに基づき、大がかりな規模で行われた河川整備事業はこの四回である。第二回目と第三回目は河村瑞賢《かわむらずいけん》▲の工事として有名であり、第四回目もよく知られているが、第一回目については、ほとんど注目されていない。しかし、第二・第三回目の整備事業に直接つながるものとして、きわめて重要な位置を占めるものである。

▼河村瑞賢　一六一八〜九九年。伊勢出身の商人・土木事業家。江戸《えど》で材木商として成功し、巨利をえた。幕府の命により、東廻《ひがしまわり》航路・西廻《にしまわり》航路を整備したほか、貞享期および元禄期畿内河川整備事業を担当した。晩年、旗本になった。

寛文期畿内河川整備事業は、前半期の一六六五〜六七年と、後半期の六九〜七一年の二期に分かつことができる（村田、一九九五・二〇〇七）。前半期整備事業は、六五年の小姓組《こしょうぐみ》の松浦信貞《まつうらのぶさだ》および書院番組《しょいんばんぐみ》の阿倍正重《あべまさしげ》の見分を踏まえ、阿倍と書院番組の前田直勝《まえだなおかつ》および伊奈忠臣《いなただおみ》が担当したのに対し、後半期整備事業は寄合《よりあい》の永井直右《ながいなおすけ》・岡部高成《おかべたかなり》・藤懸《ふじかけ》（藤掛）永俊《ながとし》が担当した。

前半期整備事業の経緯について、『新訂増補　国史大系　徳川実紀《とくがわじっき》』により少し詳しくみておくと、(1)一六六五年五月から十二月にかけ、松浦・阿倍が淀川・木津《きづ》川・大和川筋を見分する、(2)六六年二月、老中が土砂留令（前述の寛文六年土砂留令）を発令する（摂津・河内両国には三月にだされる）、(3)同年八月から十二月にかけ、阿倍と前田が淀川・木津川・大和川筋の普請奉行をつとめる、(4)六七年四月から八月にかけ、前田と伊奈が淀川を見分する、という流れとなっている。この一連の流れは、(1)の見分による畿内川筋問題の現状把握に基づき、(2)の土砂留令が発令されるとともに(3)の普請が行われ、(4)で(2)(3)の効果の有無を確認した、と理解できる。摂津・河内両国にだされた土砂留令には、三カ条を掲げたあとに、来春検使《けんし》を派遣し、この掟の趣旨に背いていないかどうか見分する旨が記されているが、この来春の検使に相当するのが、(4)の前田と伊奈である。

(4)によって、幕府は土砂留令や河川普請がさしたる効果をあげていないことを確認し、より本格的な河川整備の必要性を感じたのであろう。そこで幕府は、一六六八年十二月に永井・岡部・藤懸を「淀川堤川除《かわよけ》等の奉行」(「柳営日次記《りゅうえいひなみき》」▲)に命じ、彼らは翌年正月から淀川筋の普請に従事することになる。ここから、後半期整備事業が始まるのである。永井らは小姓組や書院番組の番士《ばんし》であった松浦・阿倍・前田・伊奈とは異なり、寄合、すなわち禄高《ろくだか》三〇〇〇石《こく》以上の非職の旗本《はたもと》であったが、ここに、腰を落ち着けて本格的な河川整備事業に取り組もうとする幕府の意気込みが感じられる。実際、前半期整備事業に較べて後半期整備事業のほうがはるかに本格的であったようで、現在各地に残っている史料も、多くは後者に関するものである。

後半期整備事業の具体的内容をみておきたい。まず、一六六九(寛文九)年二月十三日に淀川浚《ざらえ》の課銀が西国・中国・四国の大名《だいみょう》に対して行われたことが、「柳営日次記」にみえる。この日、月番老中久世広之《くぜひろゆき》は、西国・中国・四国の大

▼「柳営日次記」　江戸幕府で作成された日記の転写本。一八四三(天保《てんぽう》十四)年に完成した江戸幕府正史《せいし》である『徳川実紀』の編修に使用された。もとの日記の文章以外に、他書から引用した記事が書き込まれている。国立公文書館内閣文庫所蔵。

▼竹流金　割竹のような形の鋳《い》型《がた》に金を流し込んでつくった秤《ひょう》量金《りょうきん》貨幣。

名の家臣《かしん》を自宅に呼びだし、「大坂川口から淀川辺りが埋まり、舟の往来が不自由になっているので、くだんの川普請奉行に永井右衛門《うえもん》（直右）・岡部主税《ちから》（高成）・藤掛（懸）監物《けんもつ》（永俊）の三人が旧冬（寛文八年十二月）おおせつけられた。右の川筋は、西国・中国・四国の大名の通行のための舟路であるので、御普請入用などは一万石以上の面々におおせくだされた」と申し渡している。淀川筋や河口部分が土砂で埋まり、船の通行に困難をきたしていた状況が想像されるが、このとき永井らによって行われた普請は、淀川筋や淀川河口の土砂堆積問題を解決するためのものであった。これはもちろん、川浚《かわざらえ》ということになる。

二年後の一六七一年には、実際に川浚が行われていたことが、同年五月に稲葉正則以下の四老中が、大坂城代《じょうだい》・大坂定番《じょうばん》・大坂町奉行に宛ててだした「覚」（「古記録」国立公文書館所蔵）からうかがえる。この「覚」には、四月に大川（大坂の淀川筋）にかかる天神《てんじん》橋のそばを掘り浚《さら》えていた際、黄金一五枚・竹流《たけながし》金《きん》▲九枚・延べ金大小二枚を掘りだしたこと、このうち黄金・竹流金各一枚を両替屋にみせたところ、これらは大坂の陣のころのものであるとの鑑定がくだされたことなどが記されている。内容的にもはなはだ興味深いものであるが、大

●──五雲亭貞秀《ごうんていさだひで》『大坂名所一覧』に描かれた幕末期の天神橋付近

●──竹流金

▼**京都町奉行**　遠国奉行の一つで、一六六八(寛文八)年設置。京都および山城・近江を支配するとともに、上方《かみがた》八カ国に対する山論・水論などの裁判権なども有していた。老中支配で定員二人。東西の奉行所があり、それぞれ与力・同心が付属していた。

川筋で川浚普請が行われたことが明らかである。

永井らの普請の対象は、淀川下流部だけに限定されていたのではない。一七〇三(元禄十六)年四月、淀川最上流の瀬田《せた》川筋の常浚普請を願い出た普請請負人があったことに関連して、近江《おうみ》国蒲生《がもう》郡の琵琶湖《びわこ》周辺村々の百姓《ひゃくしょう》たちが京都町奉行▲に差しだした訴状(近江国蒲生郡下豊浦《しもとようら》村「東家《ひがしけ》文書」。村田、一九九六)には、先年、永井・岡部・藤懸の三奉行が見分のうえで川浚を命じたので、三年間にわたって村々から多くの人夫をだして浚えたが、水はまったく引かず、水損になったと記されている。この三年間とは、一六六九〜七一年のことであろうが、永井らによる後半期整備事業では、少なくとも淀川筋の最上流部および最下流部において川浚が行われていたことが確認できるのである。

もちろん、後半期整備事業においても、土砂留令が撤回されたり死文化したりしたわけではない。土砂留令の趣旨の徹底をはかりつつ、川浚という具体的措置を講じたというのが実態である。つまり、寛文期畿内河川整備事業とは、(1)土砂留令により、できるだけ土砂が川筋に流れ込まぬようにする、(2)流れ込んだ土砂を川浚によって取り除き、水行滞《とどこお》りという事態を解決するとともに、舟運をも円滑にする、というものであった。

貞享期畿内河川整備事業の開始と河村瑞賢

寛文期畿内河川整備事業が終了してまもない一六七四（延宝《えんぽう》二）年六月、畿内は未曾有《みぞう》の水害に見舞われた。淀川筋では、天満《てんま》橋・天神橋・京《きょう》橋が流され、河内国茨田《まんだ》郡仁和寺《にわじ》村（現、大阪府寝屋川《ねやがわ》市）での左岸堤防の決壊により、河内国は枚方《ひらかた》から大坂まで一面に浸水した。大坂も中心部が浸水し、舟で往来するありさまであった（「御徒方万年記《おかちかたまんねんき》」『大阪編年史』第六巻）。畿内の水害は一六七六（延宝四）年五月・七八（同六）年八月にも起こっている。水害が頻発する事態を前にして、幕府はまたあらたな治水策を探る必要性を痛感したにちがいない。

一六八三（天和三）年から八七（貞享四）年にかけて行われた貞享期畿内河川整備事業は、寛文期畿内河川整備事業と異なり、よく知られているものである。その理由として、このときの普請を中心的に担ったのが、土木家としても、また、たぐいまれな商才により巨利をえた商人としても有名な河村瑞賢であったこと、この事業によって、中央市場としての大坂の地位がさらに引き上げられ、その後の大坂の発展がうながされたことなどがあげられる。

瑞賢らによる畿内河川整備事業の詳細は、新井白石《あらいはくせき》が著わした「畿内治河記《ちかき》」(今泉定介編輯・校訂『新井白石全集』第三)に記されている。白石は、「畿内治河記」と「奥羽《おうう》海運記」を著わし、瑞賢の事績を詳述した。瑞賢の名が、その事績とともに世に知られているのは、この白石の著作におうところが大きい。ここでは、まず「畿内治河記」によりつつ、普請着手までの経緯をたどっておこう。

一六八三年二月、若年寄《わかどしより》稲葉正休《まさやす》・目付《めつけ》彦坂重紹《ひこさかしげつぐ》・勘定頭《かんじょうがしら》大岡清重《おおおかきよしげ》らが畿内の川筋見分を命じられた。彼らは京で指揮をとり、実際の現地踏査は河村瑞賢らが行った。踏査終了後、稲葉らは、京で瑞賢に踏査を踏まえた治水構想を報告させ、これを了承した。稲葉らは同年閏五月末に江戸に戻って将軍に拝謁し、今後とるべき治水策を献言した。その内容は、もちろん瑞賢の構想にかかるものである。また、稲葉は幕議《ばくぎ》において、諸河川の下流部が泥で埋まっているのは、水源地が濫伐の進行によりはげ山となり、雨にあえばくずれやすくなっていることが原因であるとして、濫伐の禁止と植林の励行を主張した。その結果、幕議は、治水については全面的に瑞賢にまかせること、水源地問題につ

●——現在の安治川　安治川右岸の旧安治川北一丁目辺り(現、大阪市此花《このはな》区西九条《にしくじょう》)より、上流を望む。

いては、幕領《ばくりょう》・私領の別に関わりなく、その地の領主・領民に濫伐の禁止と植林の励行を命じることに決した。

九月、瑞賢は伝馬《てんま》証文《しょうもん》と月俸をあたえられ、使番《つかいばん》加藤《かとう》泰茂《やすしげ》・書院番堀直《ほりなお》依《より》・小姓組猪子《いのこ》一興《かずおき》が瑞賢の監督者となった。十二月、瑞賢は江戸を発し、翌一六八四(天和四＝貞享元)年正月には大坂で普請の準備にあたった。瑞賢は、翌二月から、いよいよ普請に取りかかることになる。

安治川の開削

一六八四(天和四＝貞享元)年二月から八七(貞享四)年四月にかけて行われた瑞賢らによる普請は、大坂町奉行所の職務マニュアルともいうべき「町奉行所旧記」(『大阪市史』第五)のうちの「川筋御用覚書《ごようおぼえがき》」によれば、(A)木津川筋・宇治川筋・淀川筋・大和川筋の水の流れをスムーズにするための工事、(B)洪水時に、大坂の内川筋(諸堀)があふれないようにするための工事、(C)淀川・中津《なかつ》川の水量の調節、(D)堂島《どうじま》・安治《あじ》川での新地取立て、の四つであった。これらは、いずれも瑞賢の治水構想を実現化したものといってよいが、このうち(D)は、直接的に治水を目的とした事業ではないので、ここでは一応除外して考えることにする。なお、整備事業終了後、(D)の結果完成した堂島新地から徴収された地子銀《じしぎん》によって大川の川浚(大川浚)が行われることになる。そのほか、「川筋御用覚書」には、大坂両川口《りょうかわぐち》(大坂の木津川口および安治川口)その他における新田開発もあげられているが、他の史料では確認されておらず、また貞享期畿内河川整備事業全体の基調にも反するので、これは同史料の記述の誤りであろう。

(A)の具体的内容は、(1)外島《そとしま》の撤去または掘割り(宇治川・淀川筋、大和川筋)、(2)外島の竹木伐採(木津川筋)、(3)田地切込み(木津川筋、宇治川・淀川筋)、(4)淀川下流部(大坂京橋・備前島小橋《びぜんじまこはし》・天満橋・難波橋《なにわ》付近)での川幅広げ、(5)堂島川の掘立て、(6)安治川の開削、である。このうち、とくに有名なものは(6)である。安治川(当初は新川《しんかわ》といわれた)は、淀川河口部に形成されていた三角州である九《く》条島《じょうじま》を掘りわってあらたに設けた人口河川で、その開削目的は、淀川の水をまっすぐ海にそそがせることであった。瑞賢は前年の実地踏査で、治水の根幹は海口にあり、当時議論のまととなっていた大和川付替えは、信用するにたらぬ策であるとの考えに達していた(「畿内治河記」)。安治川の開削は、瑞賢の治

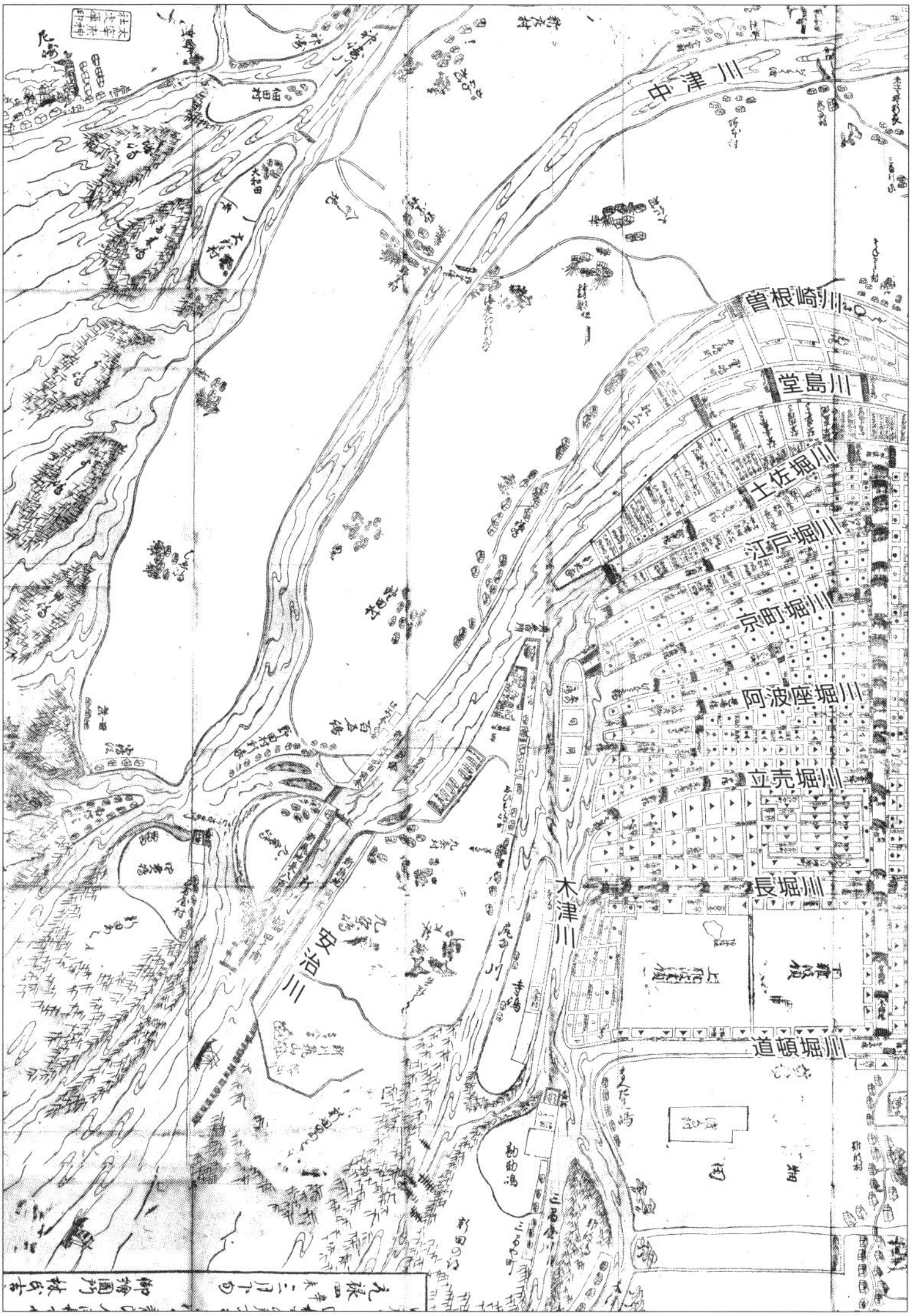

●──開削まもないころの安治川(1691〈元禄４〉年「新撰増補　大坂大絵図」)　この段階では，まだ「安治川」の名はなく，「新川」と呼ばれていた。

水策の根幹部分を具体化したものといってよい。彼が最初に着手したのはこの安治川開削であったが、それは、けっして偶然ではないのである。

安治川開削では、瑞賢の土木技術が遺憾なく発揮された。ここでも、「畿内治河記」によってその一端をみておこう。まず、木の板数万枚、龍骨車《りゅうこつしゃ》(同書には「飜車」とある。田に水を注ぎ入れるための揚水器械)数百輛、竹の簀子《すのこ》をしっかりとまきつけた木製梯子《はしご》一万余挺を用意して九条島に積みあげた。そのうえで、新川河道に幅五丈(約一五メートル)の深い堀を掘った。九条島は少し掘ると水が出、工事の妨げとなるため、地中の湧水をここに集めようとしたのである。瑞賢は溝を掘らせ、溜まった水を龍骨車によってかきださせた。このようにして排水問題を処理したうえで、新川開削を進めたのであるが、ここで威力を発揮したのが木の板と木製梯子である。梯子には滑らないように竹の簀子がまきつけてあったため、人足《にんそく》は楽に昇り降りすることができた。また、地面に敷き詰められた板のおかげで、人足は泥に足をとられることなく、現場を行き来することができた。

安治川開削において、瑞賢はとくに高度な技法を用いたわけではない。むしろ、普請に携わる多数の人足の作業環境をできるだけととのえ、作業効率を最大限高めるための工夫を凝らしたというべきである。このような工夫も、もちろん土木技術の一部である。「畿内治河記」によれば、安治川開削工事は着手後わずか二〇日ほどで完了したという。これは、このような瑞賢の工夫によるところが大きい。

その他の整備事業

つぎに、(A)以外の普請に目を転じてみよう。(B)は、大坂の内川筋(諸堀)の両岸間の長さを底幅よりも広げるとともに、川岸に石の階段(岸岐《がんぎ》)を設けて昇り降りに便利なようにしたものである。これは、洪水時の水の受容量をふやし、水があふれにくくするための工夫で、「畿内治河記」によれば、普請の対象となった内川筋の長さは、合計一万五〇〇〇丈《じょう》余(四五キロ余)に達したという。ただし、この普請は、当時の大坂町奉行が町触《まちぶれ》を発して町人たちに行わせたものである。

(C)は、三《み》つ頭《がしら》といわれる淀川・中津川の分岐点から二〇〇丈余(約六〇〇メー

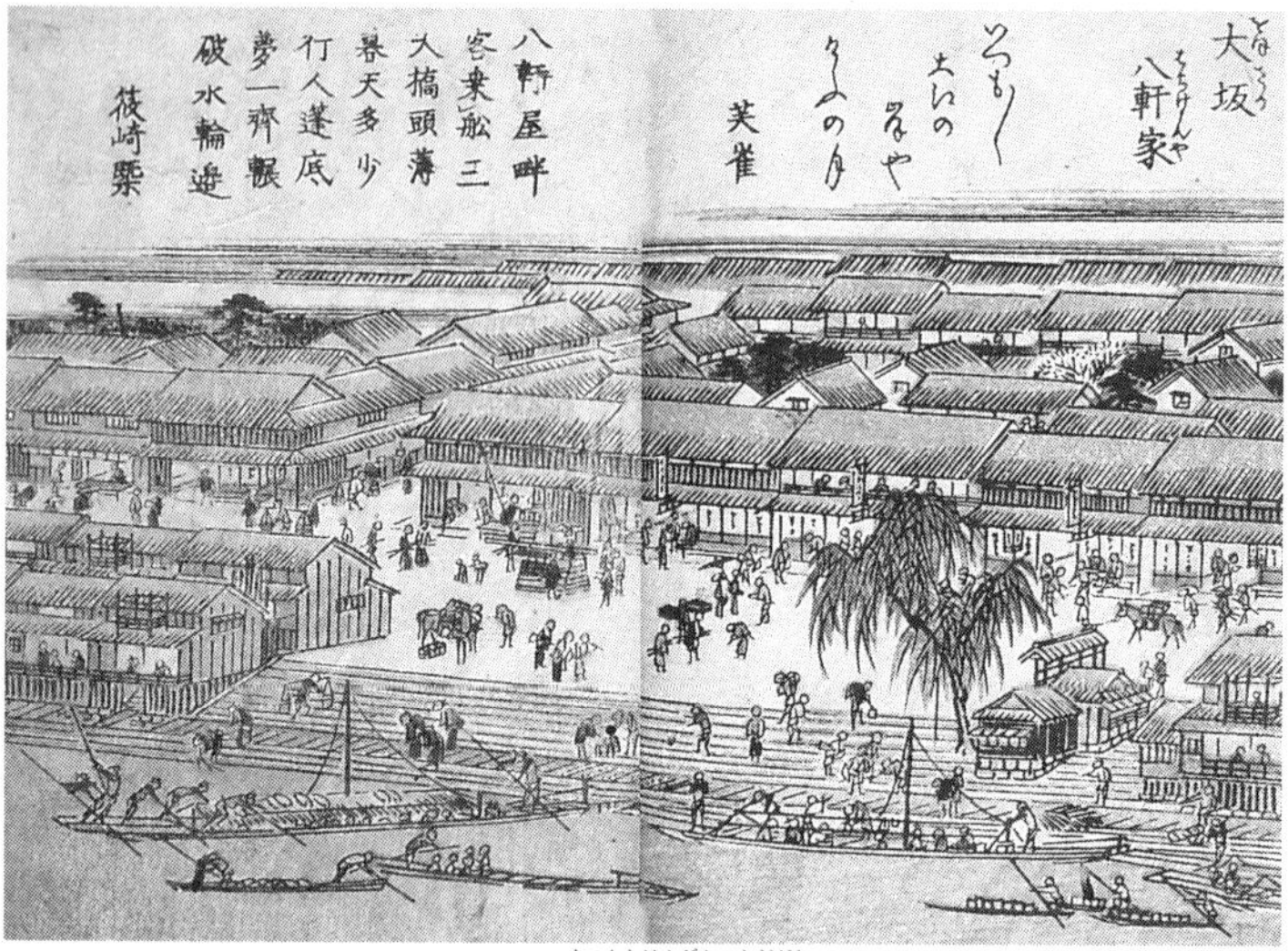

●──大坂八軒家船着き場の岸岐（松川半山《まつかわはんざん》『澱川《よどがわ》両岸一覧』より）

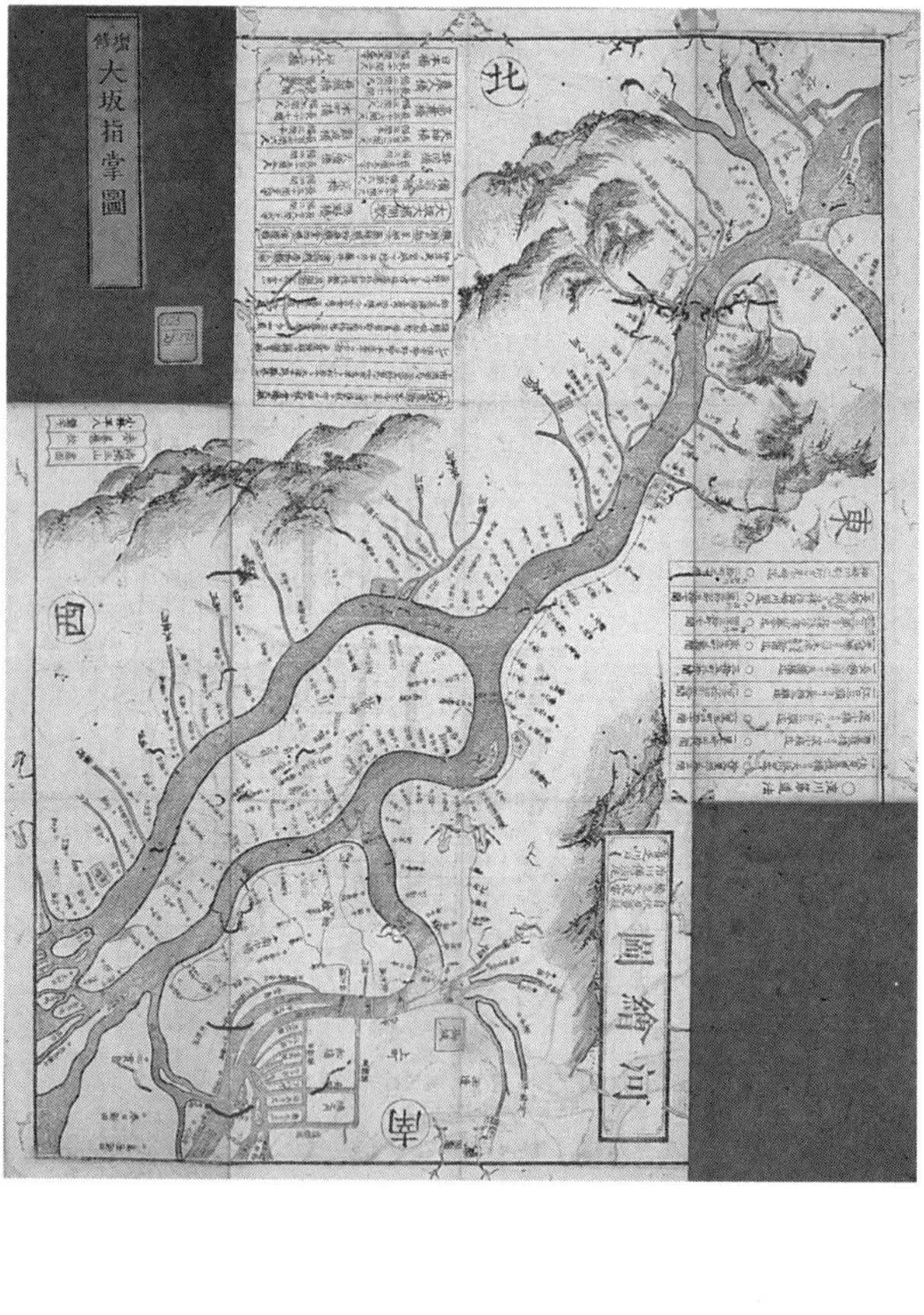

●──淀川図（一七九七〈寛政九〉年「増修　大坂指掌図《ししょうず》」の裏面に刷られた「河絵図」より）

●―歌川国員《うたがわくにかず》『浪花《なにわ》百景』に描かれた三つ頭　左手から右手に伸びる陸地は三つ頭島。手前は淀川、後方は中津川。

トル余)にわたり、川の中央に向かって石詰めの蛇籠《じゃかご》を沈め、それにそって笹《ささ》刺《ざし》を行ったものである(「畿内治河記」)。当時、川水は三つ頭から中津川のほうにより多く流れ、淀川(大川)の水量が減ずる傾向にあり、淀川(大川)の舟運に支障が生じていた。瑞賢は、この事態を改善し、三つ頭より下流の淀川(大川)の水量をふやそうとしたのである。

ところで、貞享期畿内河川整備事業には、今一つ見落としてはならないものがある。それは、土砂留制度を発足させたことである。河川整備事業が始まってまもない一六八四(貞享元)年三月、幕府は三カ条からなる土砂留令(『御触書《おふれがき》寛保集成《かんぽうしゅうせい》』一三三五号)をだすが、これは寛文六(一六六六)年土砂留令の趣旨をより徹底させたものである。山間部の木草の根の掘取りを禁止した第一条、植林の励行を命じた第二条は、前令の第一・第二条と同趣旨であるが、第三条では、川筋・河原での新規の新田畑開発や竹木・葭萱《よしかや》の植付け、川中への新規突出し、山中での焼畑を禁止した前令第三条に加え、石高がつけられている古田畑であっても土砂が流出するところは、わざと荒廃させてそのあとに木苗・竹木・葭萱・芝を植えるようにという表現がみられる。治水上の観点から、場合によっては石高がつけられている土地の廃棄もやむなしという態度を公に表明したのは、これが最初である。土砂留令は、質的に強化されたといってよい。

だが、より注目すべきことは、貞享期畿内河川整備事業において、土砂留の実をあげるための制度化を実現したことである。この年八月、幕府は畿内近国に本拠をもつ一一人の大名に対し、それぞれの所領内やその近辺の幕領・私領に、年二〜三回家臣を派遣し、淀川・大和川上流山間部において植林を行わせるよう命じている(『御触書寛保集成』一三三六号)。各大名の担当区域は、たとえば摂津国高槻《たかつき》藩永井氏は山城国乙訓《おとくに》郡および摂津国島上《しまかみ》・島下《しましも》両郡、河内国丹《たん》南《なん》藩▲高木《たかぎ》氏は同国丹南・丹北《たんほく》両郡というように、郡を単位としていた。その後、担当大名数や大名の担当郡に若干の変化はあるものの、この制度は明治維新《いしん》期まで存続する(水本、一九八七)。

▼**丹南藩**　河内国丹南郡丹南村(現、大阪府松原市)に本拠があった譜代《ふだい》藩。一六二三(元和《げんな》九)年以降明治維新期まで高木氏が藩主で、石高は一万石。

大坂重点主義的性格

以上、貞享期畿内河川整備事業の具体的内容についてみてきた。おのずからその特徴が浮かび上がってきたと思うが、ここで再度整理しておこう。同事業は、(イ)土砂留を徹底化し、土砂の流出をおさえる(土砂留令の発布と土砂留制度の構築)、(ロ)流出土砂が原因となって出現した外島の除去や川の流れの障害となる田地の切込み、あるいは新川の開削などによって川の流れを円滑にする、(ハ)大坂内川筋(諸堀)の受容水量をふやし、洪水時に水があふれにくくする、(ニ)淀川・中津川分岐点の三つ頭以下の淀川(大川)の平常時水量を確保し、舟運を改善する、の四つにまとめることができる。これを寛文期畿内河川整備事業との比較においてまとめると、(イ)(ロ)は、同事業を継承・発展させたものであり、(ハ)(ニ)があらたに付け加わったものということになる。ただし、(ニ)は、寛文期畿内河川整備事業において舟運のための淀川浚が行われていたことを考えると、同事業の延長線上にあるともいえる。ともあれ、(ハ)(ニ)は大坂の保全と大坂の舟運発展を強く意識したものであり、ここに貞享期畿内河川整備事業の特徴が示されているといえよう。貞享期畿内河川整備事業は、寛文期畿内河川整備事業の基調を受け継ぎながらも、大坂重点主義的性格を色濃くおびたものであった。

この傾向は、一六九八(元禄十一)年四月から翌年三月にかけて行われた元禄期畿内河川整備事業においてもみられる。この事業は、目付中山時春《なかやまときはる》・小姓組永井直又《なおまた》および河村瑞賢が行ったもので、貞享期畿内河川整備事業の「残御用」(「川筋御用覚書」)、すなわち残余工事と位置づけられるものである。「川筋御用覚書」によれば、その普請内容は、(A)大坂堀江《ほりえ》川の開削、(B)堀江川・安治川・道頓堀《どうとんぼり》川沿岸における新町家取立て、(C)大坂木津川口における月正島《がっしょうじま》掘割り、(D)山城国宇治川筋・同木津川筋、淀川筋、神崎《かんざき》川筋、大和川筋、中津川筋における外島掘割りまたは川筋付替えと、水当りの強い田地の切込み、(E)川筋各所における新田開発、であった。(A)(B)にみられるように、ここでもやはり大坂の発展を意識したものとなっている。

両事業における大坂重点主義的性格については、福山昭がつとに指摘するところであるが(福山、一九八一)、問題は、この大坂重点主義的性格が、淀川治水という観点からみてどのように評価されるのかということである。豊臣秀吉《とよとみひでよし》による宇治川の流路変更が、関係地域の治水という観点よりも、伏見《ふしみ》外港建設や水陸交通一元支配など、きわめて政治的な観点から実施されたことを想起すれば、両事業も同様の性格をおびている可能性をみておかねばならない。

この点で、とくに注目されるのは、貞享期畿内河川整備事業の(C)(淀川・中津川の水量の調節)である。大坂の舟運発展を狙った策であるが、これについては、小出博の指摘がある(小出、一九七五)。小出は、淀川の洪水処理のために下流を改修するのであれば、中津川の疎通をよくして淀川主流とすべきであるにもかかわらず、瑞賢がその策をとらなかったのは、中津川の改修によって淀川の水量が減じ、舟運に支障をきたすことになるからであったとしている。安治川開削も、諸船が直接安治川に入港することにより市場との直結をはかるためであったという。それまで諸船は、中津川最下流の伝法《でんぽう》川に入港していた。

ところで、瑞賢が、淀川治水の要《かなめ》は海口にありとして、当時有力な治水構想であった大和川付替案を斥けたことは、さきに述べた。大和川を付け替えるということは、淀川と大和川を分離するということであり、これが実現すると両川合流点以下の淀川(大川)の水量が減ずることになるのは明らかであった。現に、一七〇四(宝永元)年に大和川付替えが行われたあと、大川の常水(平常時の水量)減少が問題化し、〇八(同五)年には、淀川・中津川分岐点近くの摂津国西《にし》成《なり》郡柴嶋《くにじま》村(淀川右岸〈現、大阪市東淀川《ひがしよどがわ》区〉)の外島と三つ頭の双方より杭を打ち延ばし、大川の常水確保につとめている(「町奉行所旧記」のうち「川筋大意」)。瑞賢が大和川付替案を斥け、淀川河口の改修にこだわったのは、彼がいかに大坂の舟運発展を重視していたかを示している。

ただ、小出はさらに踏み込んで、安治川開削が治水的観点からみて第二義的な意味しかもっていなかったと断ずるのであるが、それはややいきすぎた評価というべきであろう。寛文期畿内河川整備事業でも中津川に手がつけられた形跡はうかがえない。同事業以来、幕府の淀川治水の基調は、土砂留と淀川本流の疎通工事であった。一六六九(寛文九)年二月に、西国・中国・四国の大名に対して淀川浚の課銀が行われたことは前述したが、このとき行われた川浚は、淀川本流の河口付近を対象とするものであったと考えられる。寛文期以来、淀川治水の基調は一貫しており、その基調のうえに立ちつつ瑞賢は、とくに大坂の保全や舟運の発展をも狙ったのである。このことは他面で、従来、瑞賢らによる貞享期・元禄期河川整備事業の陰に隠れてあまり知られることのなかった寛文期畿内河川整備事業を、もっと積極的に評価すべきことを教えている。

③—摂河国役普請制度

十七世紀前半期の国役普請

前章では、土砂流出という、淀川・大和《やまと》川水系において進行していた事態を踏まえ、十七世紀後半期に幕府《ばくふ》中央がいかなる畿内《きない》治水体系を構想し、いかなる河川整備事業を実施したのかについてみた。しかし、幕府畿内治水体系に基づく畿内河川整備事業は、あくまでも臨時的なものである。日常的には、どのような形で淀川その他の諸河川が維持されていたのだろうか。

前述のように、豊臣《とよとみ》政権期以降、淀川などの大河川の堤防修復には、国役普《くにやくぶ》請《しん》という普請方式が採用されていた。徳川《とくがわ》政権期初期についてみると、たとえば、一六一九（元和《げんな》五）年九月に行われた摂津国西成《せっつのくににしなり》郡 南中島堤《みなみなかじまつつみ》の普請の例がある。南中島は、淀川と中津《なかつ》川に挟まれた地のことで、南中島堤とは中津川左岸堤防のことと考えてよいだろう。摂津国住吉《すみよし》郡平野郷《ひらのごう》町「末吉家《すえよしけ》文書」（佐々木、一九六四所収）によれば、この年八月の大風で決壊した同堤の普請のために延べ六八七二人の人足《にんそく》が動員され、末吉代官所《だいかんしょ》の収納年貢米《ねんぐまい》のうちから人足扶《ふ》持米《ちまい》三四石《こく》三斗《と》六升《しょう》（人足一人につき五合《ごう》の割合）が支出された。末吉氏は、当時河内《かわち》国河内・志紀《しき》・丹北《たんぼく》の三郡の幕領《ばくりょう》をあずかっていた代官▲である。

この堤普請が国役普請として行われたことは、同月、河内国渋川《しぶかわ》郡八尾《やお》の真《しん》観寺《かんじ》の寺領があった同郡亀井《かめい》村（現、大阪府八尾市）に「摂州《せっしゅう》堤普請」の人足役▲がかかり、住持の金地院崇伝《こんちいんすうでん》▲が普請の責任者である小堀政一《こぼりまさかず》▲に人足役免除を願った（『本光国師《ほんこうこくし》日記』元和五〈一六一九〉年九月十四日条）ことからわかる。すなわち、摂津国の大河川の堤防普請のための人足役が河内国の村に課されているのであり、これは国役普請でしかありえない役賦課形態である。摂津・河内の大河川の場合は、あとで述べるように、摂津・河内両国に人足役が課された。

ところで、十七世紀前半期にあっては、国役普請は毎年行われたのではなく、臨時的なものであった。一六四六（正保《しょうほう》三）年二月、老中《ろうじゅう》阿部重次《あべしげつぐ》・同阿部忠秋《ただあき》から大坂町奉行《まちぶぎょう》曽我古祐《そがひさすけ》・同久貝正俊《くがいまさとし》に対してあたえられた指示（河内国石川《いしかわ》郡太子《たいし》村「叡福寺《えいふくじ》文書」、東京大学史料編纂所所蔵の写真版を利用。村田、一九九五参照）には、次のように記されている。

「摂州・河州《かしゅう》大川通之堤」が破損したので、修復のことについて小出吉親《こいでよしちか》

▼**代官**　幕領をあずかり、支配した幕府役人。旗本が任命され、それぞれ数万石の幕領支配をまかされた。勘定奉行の支配下にあり、江戸《えど》時代中期以降は四〇人余りいた。

▼**人足役**　百姓や町人に課される労役のこと。城普請や堤川除普請などに際して村や町に課された。

▼**金地院崇伝**　一五六九〜一六三三年。以心《いしん》崇伝。臨済宗《りんざいしゅう》の僧。一六〇五（慶長《けいちょう》十）年、南禅寺《なんぜんじ》住持となる。その後、駿府《すんぷ》の徳川家《いえ》康《やす》のもとでブレーン的役割を果たし、「禁中并公家諸法度《きんちゅうならびにくげしょはっと》」の制定にもかかわった。

▼**小堀政一**　一五七九〜一六四七年。徳川家康に仕え、備中《びっちゅう》国の国《くに》奉行などをつとめる。一六三〇・四〇年代には、伏見にあって畿内近国に対し広域的な支配権を行使した。普請・作事《さくじ》に優れ、茶道の遠州《えんしゅう》流の祖としても著名。

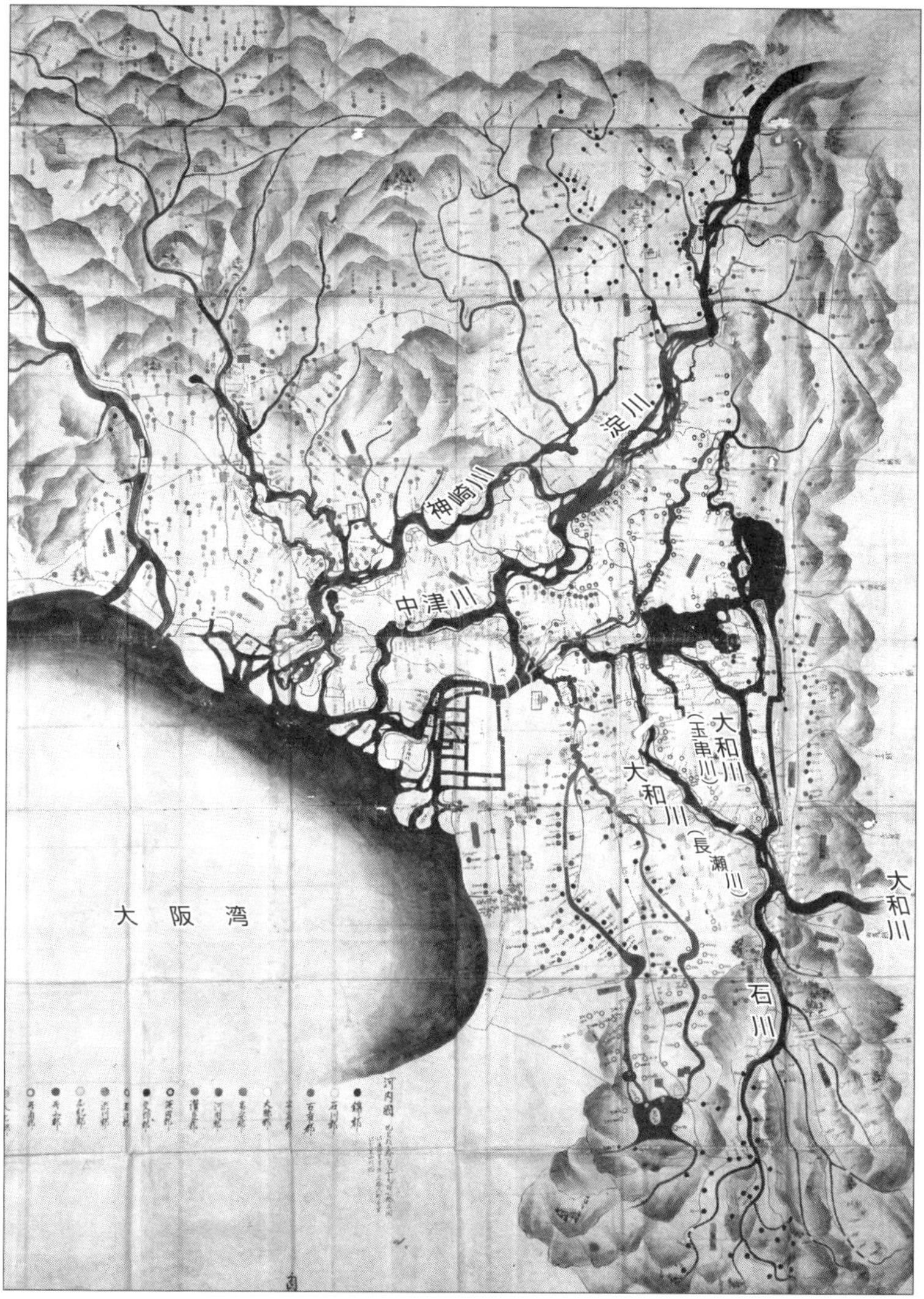

●──17世紀摂津・河内の諸河川(「摂河河川図」)　絵図の下部に摂津および河内の堤の総延長が記されており，河川管理のために作成されたものと考えられる。

が上意《じょうい》をうかがったところ、「以前からの定めのとおり、小破のときはその近所の御料《ごりょう》（幕領）・私領の人足をもって申しつけよ。もし、近所の人足だけで行うのが困難な場合は、国役の人足によって普請を申しつけよ。大破におよんだ場合は、勘定所《かんじょうしょ》までうかがったうえで日用《ひよう》人足をも加えて修復せよ。ただし、今回の普請は近所の人足だけでは対応できないので、国役の人足によって申しつけよ」とおおせいだされた。このことを了解し、豊嶋《としま》十左衛門《じゅうざえもん》および中村杢右衛門《なかむらもくえもん》の断わりがありしだい、右の両国に人足を賦課されよ。恐々謹言。

小出吉親は、一六四二（寛永《かんえい》十九）年十月以降「上方《かみがた》の郡《ぐん》奉行」▲（『新訂 寛政重修諸家譜《かんせいちょうしゅうしょかふ》』第十五）をつとめていた人物である。豊嶋・中村は堤奉行である。堤奉行については、あとで詳しく述べるが、大坂に役宅のある幕府代官（大坂代官）のうち、原則として二人が兼任するもので、摂津・河内の諸河川・溜池の支配をつかさどった。一六四六年段階においては、摂津・河内両国の大河川の堤防修復は、破損の程度に応じて、⑴普請箇所近辺の幕領・私領の人足によって普請を行うもの（小破の場合）、⑵国役人足によって普請を行うもの⑴よりも

▼**上方の郡奉行**　当時の用語ではなく、職務内容もはっきりしないが、「関東の郡奉行」に対し、将軍と直結しつつ上方広域支配の一部を担ったと考えられる。

▼徳川家光　一六〇四〜五一年。二代将軍秀忠《ひでただ》の子で、一六二三（元和九）年に三代将軍となる。大名の改易《かいえき》・転封《てんぽう》の強行や武家《ぶけ》諸法度の制定などを行い、幕府支配体制の基礎を確立した。

破損の程度が大きい場合）、⑶国役人足と日用人足によって普請を行うもの（大破の場合）、の三段階が定められていたことがわかる。この年の普請は、将軍（徳川家光《いえみつ》）▲によって⑵とされたのであった。

このように、国役普請となるかどうかは、堤防の破損の程度によっており、国役普請は毎年行われたのではなかったのである。ただ、ここで注意しておくべきことは、破損の程度がどのようなものであっても、また、普請箇所がたとえ私領の村がかかえる堤防のうちにあっても、幕領・私領の別なく人足が動員されたことである。淀川堤をはじめとする摂津・河内の大河川の堤防は、いずれも公儀の堤防であり、普請箇所の所在や普請の規模にかかわらず、幕領・私領の別を問わない役賦課によって動員された人足が修復に携わる特別の存在であった。

ところで、国役普請になった場合、国役人足は、大坂町奉行から村々に直接賦課されたのではなく、各領主《りょうしゅ》を介して賦課された。この年の国役普請では、河内国茨田《まんだ》郡出口《でぐち》村（現、大阪府枚方《ひらかた》市）の淀川左岸堤の普請に、旗本竹中重常《はたもとたけなかしげつね》の人足が携わったことが、同氏領の河内国大県《おおがた》郡畑《はた》村庄屋《しょうや》記録（『柏原《かしわら》市史』

第五巻史料編（Ⅱ）にみえている。竹中氏は六〇〇〇石の旗本で（『新訂 寛政重修諸家譜』第六）、上方では、河内国大県郡および同国安宿部《あすかべ》郡に計一〇〇〇石の所領《しょりょう》を有していた。この記録には、同年四月二十二日、所領の畑村庄屋▲が、一〇〇〇石分の人足を率いて出口村に赴いたとある。国役普請人足役の基本は、大坂町奉行による摂津または河内に所領を有する各領主に対する賦課であり、これは次に述べる摂河《せっか》国役普請制度のもとにおいても変わることはなかった。

恒常化した国役普請——摂河国役普請制度

一六五三（承応《じょうおう》二）年、右のような大河川堤防修復システムに大きな変更が加えられることになる。

この年六月七日、大坂町奉行松平重次《まつだいらしげつぐ》・同曽我古祐が、摂津・河内両国の大河川沿岸に所領を有する二三人の領主に対して「覚《おぼえ》」（摂津国島上《しまかみ》郡高浜《たかはま》村「西田《にしだ》家《け》文書」、関西大学総合図書館所蔵）を発した。この「覚」は、二三人の領主に回達されたが、その内容は、老中条目のとおり、「摂州・河州大川表堤川除《かわよけ》御普請」の実施を豊嶋十左衛門・中村杢右衛門が申し渡すであろうから、公家《くげ》領は

▼**庄屋**　江戸時代における村役人の一つで、村を代表した。庄屋は関西での呼称で、関東では名主《なぬし》というのが普通。

雑掌《ざっしょう》▲、給人《きゅうにん》知行地《ちぎょうち》は代官▲が、来たる十一日に大坂の両人宅に出向くこと、というものであった。豊嶋・中村はさきの史料にも登場した堤奉行である。

この「覚」がだされた一〇日後の六月十七日、両大坂町奉行から上太子《かみのたいし》すなわち叡福寺の寺中《じちゅう》に対して、『摂州・河州国役之人足』については、寺社領は免除されるということで、両国の各寺社領の免除高を認め、今後は人足役を課さないようにしたいと、堤奉行が申されているので、御当家（徳川家）発行の御朱《ごしゅ》印状《いんじょう》その他の証文、および寺領高を書きつけ、豊嶋・中村のもとに早々に持参せよ」との指示がだされている（「叡福寺文書」）。これはもちろん、さきの「摂州・河州大川表堤川除御普請」の人足役賦課に関することであるから、「摂州・河州大川表堤川除御普請」は、摂津・河内両国から徴集される国役人足によって行われる国役普請であったことがわかる。

これだけであれば、この年、前述の(2)のタイプの普請形態（国役人足による普請）が採用されただけということになるだろうが、翌一六五四（承応三）年、翌々五五（明暦《めいれき》元）年にも国役普請が実施されたことが確認され、また六五（寛文《かんぶん》五）年の河内国交野《かたの》郡の五カ村が大坂町奉行にだした願書（河内国交野郡村野《むらの》村「富田《とみた》

▼**雑掌**　公家に仕え、雑務に従事した者。

▼**代官**　ここでは、領主が所領支配を行うにあたり、現地で支配の雑務を担わせた家臣《かしん》のこと。現地の有力百姓が取り立てられることが多かった。

▼扶持米　一般的には、主君が家臣に対して給与する俸禄《ほうろく》としての米のことであるが、ここでは、人足に対して支給される米のこと。一人一日玄米《げんまい》五合が標準であった。

家《け》文書」『枚方市史』第八巻）に、自分たちは国役普請人足を毎年だしているという記述もあるところから、五三年から、破損の程度にかかわらず、国役普請が毎年実施されるようになったとしてよい。ここでは、この恒常的なものとなった国役普請制度を摂河国役普請制度と呼んでおく（以下、村田、一九九五参照）。

ところで、「摂州・河州大川表堤川除御普請」とあるように、国役普請の対象となったのは、堤防すなわち国役堤と川除施設であった。川除とは、広い意味では堤防も含めた水害防止施設全体をさすが、「堤川除」と表現する場合は、堤防以外の水害防止施設、すなわち枠・かせ木・出しなど護岸・水制のための施設をいう。したがって、普請に携わる人足も、堤防普請のためのものと、川除普請のためのものの両方があった。国役普請人足役によって摂津・河内両国から徴発される人足とは、堤防普請のためのものであった。川除普請のための人足は、普請箇所近辺からだされ、国役普請人足と同様、扶持米▲は幕府から支給された。

国役普請を恒常的なものとしたのは、山川からの土砂流出を背景として水害が頻発するようになったことによるものだろう。あとで述べるように、一六五

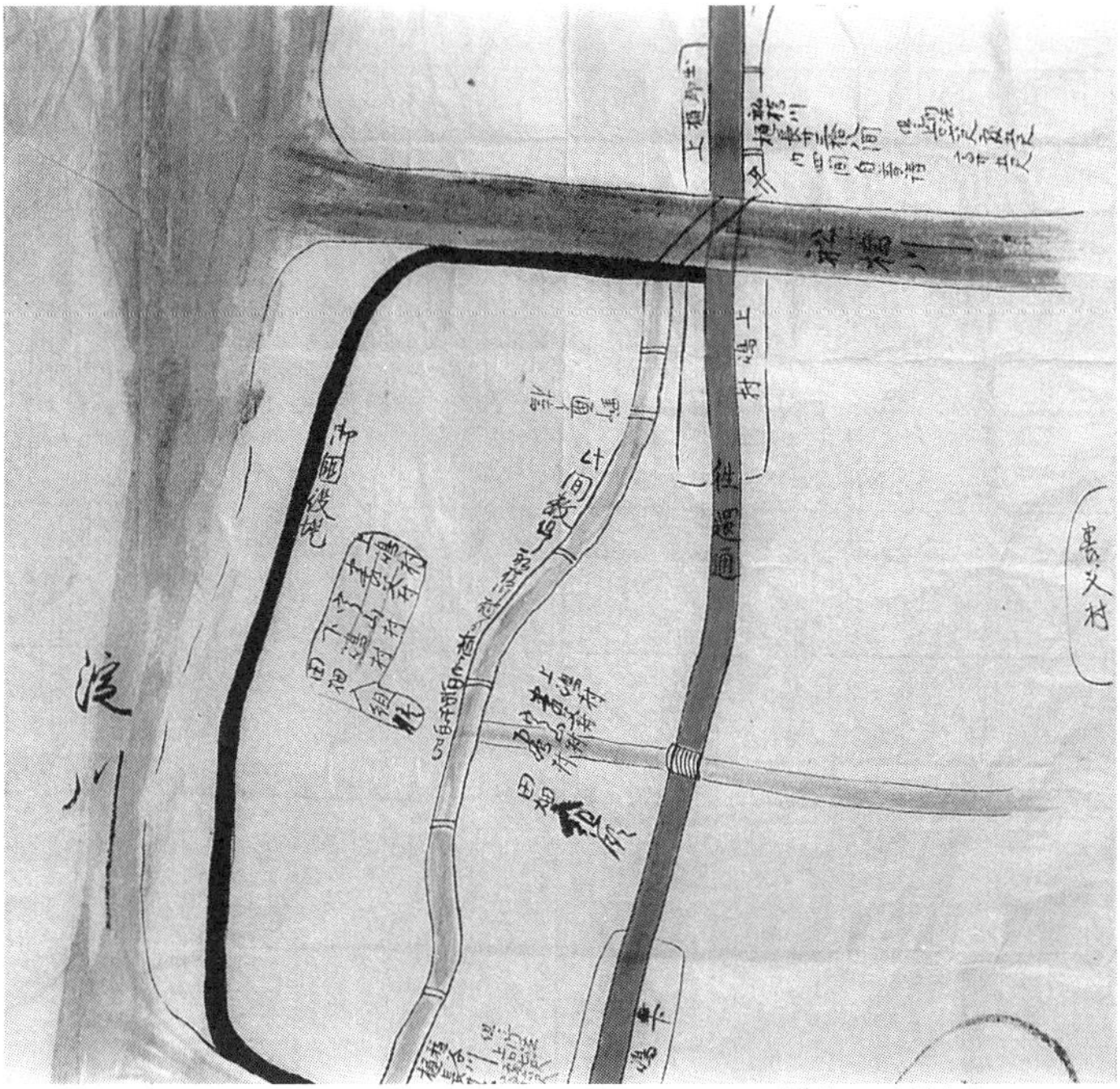

●―絵図に描かれた淀川左岸国役堤（河内国交野郡楠《くず》葉《は》村「今中《いまなか》家《け》文書」）

●―100石当り国役普請人足数の変遷

年	人数
1655（明暦元）	5
61（寛文元）	5
66（寛文６）	8
67（寛文７）	5
82（天和２）	5
84（貞享元）	5
95（元禄８）	5
96（元禄９）	8
98（元禄11）	8
1702（元禄15）	8
03（元禄16）	5
11（正徳元）	5
12（正徳２）	8

村田路人『近世広域支配の研究』より。

三年以降の摂河国役普請制度下においては、毎年摂津・河内両国の村々からだされる一〇〇石当りの国役普請人足の数は一定しており、一定数の国役普請人足が確保されることになっていた。その数は、延べ約三万人または約五万人である。同年以前においては、水害の程度に応じて必要な数の人足が確保される体制であったが、このころになると、毎年約三万人分の人足を確保していても、けっしてあまることがないほどの水害規模に達していたのであろう。十七世紀における淀川・大和川水系をめぐる諸条件の変化は、一方で幕府中央による数度にわたる畿内河川整備事業を必然化し、一方で恒常的な大河川堤防維持システムである国役普請制度の発足をもたらしたのである。

国役普請人足役

一七一二(正徳《しょうとく》二)年四月九日、大坂町奉行北条氏英《ほうじょううじひで》と同桑山一慶《くわやまかずよし》は、摂津・河内両国の村々に同一内容の触《ふれ》をだした。これは、各郡に一通ずつもたらされ、各郡内では村から村へ回達方式で伝達された。郡触《ぐんぶれ》というべき形式の触で、大坂町奉行は摂津・河内両国(のちには摂津・河内・和泉《いずみ》・播磨《はりま》四カ国)の村々に対し、しばしばこの形式の触を発した（村田、一九九九）。各郡内の村の領主はさまざまであるから、郡触は、大坂町奉行の広域支配権を示す典型的な例でもある。

さて、摂津国豊島郡村々にだされたもの（摂津国豊島郡瀬川《せがわ》村「日記」『箕面《みのお》市史』史料編五）から、⑴堤奉行万年長十郎《まんねんちょうじゅうろう》・同細田伊左衛門《ほそだいざえもん》が勘定奉行▲に対し、『摂州・河州国役堤御普請人足』について、これまで高一〇〇石につき五人ずつ御料（幕領）・私領からだしてきたが、近年は洪水・高浪により堤防の破損箇所が多く、このままであれば人足数が不足することになるので、今年の春より一〇〇石当り三人増で申しつけるのが妥当である」とうかがった、⑵このことを勘定奉行から老中にたずねたところ、さしあたり今年は増《まし》人足を申しつけ、普請結果をみて来年のことはうかがうようにとの指示がだされた、⑶勘定奉行から大坂町奉行に対して右のことが知らされ、大坂町奉行は村々に対し、御料（幕領）は代官、私領は地頭《じとう》（領主）役人に報告したうえで、一〇〇石当り八人の割で人足を差しだすよう命じた、の三点を知ることができる。ここから、摂河国役普請制度下の国役普請人足は、一〇〇石当り五人が基本であったとしてよ

▼**勘定奉行**　江戸幕府の職の一つで、勘定所を統括した。十七世紀には勘定頭《がしら》と称す。寺社奉行・町奉行とともに、三奉行を構成した。幕領年貢の徴収、公事・訴訟の取扱い、幕府財政の運営などを行った。

いだろう。

一〇〇石当りの国役普請人足数が八人になったのは、このときだけではない。五一ページの表は、わかるかぎりで、各年の一〇〇石当り国役普請人足数を示したものである。すべての年について人足数が判明しているわけではないが、ここでも、基本は五人で、場合によっては八人になることもあったことが読みとれる。ただ、八人になっても、すぐ五人に戻ることはなく、数年間はその人数が維持された。なお、「町奉行所旧記」のうちの「川筋大意」でも、一七二二(享保《きょうほう》七)年以前は、摂津・河内両国から一〇〇石当り五人をだし、三万一七〇〇人余の人足で淀川・神崎《かんざき》川・中津川・大和川(石川がぬけている理由については不明)の堤防総延長五三里余(約二一〇キロ)の修復を行っていたとある。大坂町奉行所でも、やはり五人が基本と認識されていたのである。

「川筋大意」の数字によれば、摂津・河内両国の国役高(国役普請人足役の賦課対象となる石高)は約六三万四〇〇〇石となる。この割合で一〇〇石当り八人の場合の人足数を計算すると、五万七二〇〇人となる。毎年、摂津・河内両国全域から石高を基準に徴集された三万人余または五万人余の国役普請人足によって、総延長五三里余の国役堤の修復を行うとともに、普請箇所近辺の人足によって川除普請を行うのが、摂河国役普請制度であった。

ところで、この制度のもとでは、承応二（一六五三）年六月十七日付で大坂町奉行から上太子（叡福寺）寺中に対してだされた指示（前述）にもあるように、寺社領は国役普請人足役の賦課をまぬがれることになった。それ以前は、八尾真観寺領の例がものがたるように、原則的には寺社領にも役が課されたが、このとき以来、役免除が原則となった。

これとは逆に、それまで国役普請人足役が賦課されなかったところに同役が課されるようになった例もある。一六七八（延宝《えんぽう》六）年の能勢《のせ》郡幕領「入木由緒《にゅうぼくゆいしょ》書《がき》」に、能勢郡は一五九二（文禄《ぶんろく》元）年以来入木役（薪役《たきぎやく》）をつとめ、そのかわりに「国役御普請人足」を免除されていたところ、二七年以前に当時の大坂町奉行より国役普請もおおせつけられるようになった、という記述があることは前述した（①章）。二七年以前は二六年以前の誤りで、一六五三年のことをさすが、能勢郡は、それまで国役普請人足役を免除されていたにもかかわらず、新制度発足にともない、その免除特権を否定されたのである。このように、摂河国役普

●─現在の淀川と高浜の集落　淀川右岸堤防上より上流を望む。左手が高浜(現、大阪府三島郡島本町)の集落。江戸時代においては、この集落を通る道が淀川堤防であった。

請制度の発足は、あらたな国役賦課原則の確立をともなうものであった。

国役普請の手続き

摂津国島上郡高浜村(現、大阪府三島《みしま》郡島本町《しまもと》)およびそれに南接する同郡上牧《かんまき》村(現、大阪府高槻《たかつき》市)は、山城国と摂津国の国境に近いところに位置し、ともに淀川右岸堤防をかかえる村である。一六六二(寛文二)年、旗本鈴木重泰《すずきしげやす》が高浜村の全部と、上牧村の一部の計五〇〇石をあたえられた(一八四三〈天保《てんぽう》十四〉年九月高浜村「差出《さしだし》明細帳」『島本町史』史料編)。年未詳であるが、この年から数年後の十一月十四日付で、堤奉行の豊嶋権之丞《ごんのじょう》および鈴木三郎九郎《さぶろうくろう》から鈴木重泰の「御家来衆《ごけらいしゅう》」に対して、国役普請についての指示がだされた。その内容は、『摂州大川通《おおかわどおり》御《ご》知行所《ちぎょうしょ》堤』に対して行われる国役人足普請と川除普請について、どうしても来春申しつけねばならない箇所があれば、□帳(この部分、虫食いで字が読みにくいが、おそらく「もくろみ帳」)を年内のうちに差し越されよ。自分たちは、正月中旬に見分《けんぶん》にでるので、そこで相談したい。いうまでもないことだが、吟味の結果、普請を先に延ばしても差しつかえのないところは、目録から除外されよ。破損の分については、正月十一日から百姓《ひゃくしょう》普請として、厳しく申しつけられよ」というものであった（高浜村「西田家文書」）。

この史料から、普請箇所選定にいたる手続きは、(1)普請前年の十一月中旬、堤奉行から、所領内に国役堤がある各領主に対して「普請目論見帳《もくろみちょう》」の提出を求める、(2)各領主は、「普請目論見帳」を作成し、年内に堤奉行に提出する、(3)翌年正月中旬、堤奉行が現地を見分し、普請箇所を確定する、というものであったことがわかる。

しかし、このあとただちに国役普請が行われたのではない。実際に国役普請に携わる国役普請人足を集めることが必要になる。これについても、史料で確認しておこう。

一六七五（延宝三）年二月十九日、大坂町奉行の彦坂重紹《ひこさかしげつぐ》と石丸定次《いしまるさだつぐ》が鈴木重泰の代官に対して、「『摂州・河州国役御普請』を申しつけられたので、庄屋一両人が、来たる二十九日に堤奉行豊嶋権之丞および大柴六兵衛《おおしばろくべえ》のところに参り、ようすを聞き届けるように申しつけられよ」と命じた折紙《おりがみ》▲を発している（高浜村「西田家文書」）。所領内の村の庄屋を一人か二人、堤奉行役宅にいかせるよう命

▼**折紙**　料紙を横に半折して用いた文書。

じたものであるが、同形式の折紙は、摂津・河内両国の各地で確認できる。ここで注意したいのは、必ずしも所領内に国役堤をかかえていない領主の代官に対しても、それがだされていることである。ということは、この折紙は、その領主の所領内の国役堤の普請に関してだされたものではなく、国役普請人足役の賦課にかかわってだされたものであるということになる。

堤奉行宅に集まった庄屋たちは、堤奉行からそれぞれの所領からだすべき人足数や、その人足たちが担当する普請箇所などについての説明を受けたものと思われる。この一六七五年の例では、堤奉行宅への参集日が二月二十九日となっているので、国役普請は三月に開始されたのであろう。ただ、十八世紀にはいると、右の折紙の発給自体が三月上旬または中旬となる。普請も三月下旬か四月にはいってから開始されるようになったものとみられる。

国役普請人足役の請負人

以上のように、国役普請人足は、摂津または河内に所領を有する各領主の所領村々から所定の人数がだされることになっていたのであるが、実際には村々からその村の百姓が人足としてでたわけではない。所定の数の人足を用意したのは、所領ごとに存在していた役請負人であった。

河内国丹南《たんなん》郡丹南村(現、大阪府松原《まつばら》市)に本拠があった丹南藩高木《たかぎ》氏は、拝領高一万石の大名《だいみょう》であった。この丹南藩領の村の庄屋の手控えである一六七一(寛文十一)年の「遠目鏡《とおめがね》」(『松原市史』第三巻)から、⑴丹南藩領の国役高は八三三九石九斗六合八勺である、⑵国役普請人足役は、一〇〇石当り五人なので、丹南藩領からは四一七人がでている、⑶国役普請人足役は、以前は一〇〇石当り八人であったが、六七(同七)年より五人となった、⑷国役普請人足には、公儀《こうぎ》から一人につき米五合の扶持米がくだされることになっている、⑸丹南藩領の国役普請人足役(人足数四一七人)は、万屋《よろずや》三郎兵衛《さぶろうべえ》が銀九〇〇匁と人足扶持米をえることを条件に請け負っている、の五点を知ることができる。

一〇〇石当りの国役普請人足数の変化に関する記述があることも興味深いが、この史料から、丹南藩領に課された国役普請人足役を、万屋三郎兵衛という人物が一手に請け負っていたことが明らかである。村々からは、人足はでていなかったのである。同様の例を他領でも確認しておくと、一七〇二(元禄《げんろく》十五)年に摂津国尼崎藩《あまがさきはん》青山《あおやま》氏領(国役高四万四三八四石五升三合)の国役普請人足役(人足数三五五〇人七分)を請け負ったのは、大和屋《やまとや》重兵衛《じゅうべえ》・山崎屋《やまざきや》新右衛門《しんえもん》・紀伊国屋《きのくにや》長兵衛《ちょうべえ》の三人で、彼らは、やはり人足に対する扶持米と銀四貫《かん》六一五匁《もんめ》九分《ぶ》をえることと引替えに、国役普請人足役を請け負っていた(『西宮《にしのみや》市史』四資料編Ⅰ)。

ところで、役請負人による国役普請人足役の請負いは、摂河国役普請制度発足当初からのものであった。摂河国役普請制度が発足した一六五三(承応二)年七月、摂津国にある板倉重宗《いたくらしげむね》領の国役普請人足役の請負人の選定をめぐって、摂津国所領内で争いが起こった。当時、板倉氏は、摂津・山城《やましろ》・近江《おうみ》・常陸《ひたち》・武蔵《むさし》の五カ国のうちで五万石を領する大名で、摂津国の所領は島上・島下《しましも》両郡にあった(『新訂　寛政重修諸家譜』第二)。所領内の庄屋の多くは、今回の普請が日用人足による普請となった場合、堤奉行中村杢右衛門ゆかりの牢人で、老中の推薦もあった河口藤右衛門《かわぐちとうえもん》が請負人になることに同意したが、一部の庄屋たちは、池田屋忠右衛門《いけだやちゅうえもん》という伏見《ふしみ》商人に請負いを依頼したため、争いになったのである(高浜村「西田家文書」)。

▼**尼崎藩**　摂津国川辺《かわべ》郡尼崎(現、兵庫県尼崎市)に本拠があった譜代《ふだい》藩。一六一七(元和三)年に戸田《とだ》氏(五万石)が入部して以来、青山氏(五万石)、松平氏(四万石)と続き、明治維新《いしん》にいたった。

　また、翌一六五四（承応三）年四月には、摂津国西成郡新家《しんけ》村（現、大阪市東淀《ひがしよど》川《がわ》区）の太郎兵衛《たろうべえ》が、代官豊嶋十左衛門の支配所である同郡北中嶋《きたなかじま》（神崎川と中津川に挟まれた地〈現、大阪市淀川区・東淀川区〉）の庄屋たちに、北中嶋分の国役普請を請け負う旨を記した証文（摂津国西成郡十八条《じゅうはちじょう》村「藻井《ものいけ》家文書」）をいれている。北中嶋の村々には、河内国若江《わかえ》郡の御厨《みくりや》村（現、大阪府東大阪市）および川俣《かわまた》村（同）にある大和川堤防の普請が割りあてられていた。普請対象となった堤防の総延長は三八五間《けん》半、坪数は五六三坪四分で、これが北中嶋の国役高から割りだされた国役普請人足数にみあう普請丁場の規模だったのだろう。ともあれ、摂河国役普請制度発足二年目においても、国役普請人足役の請負いが確認できるのである。

　このように、摂河国役普請制度は、国役普請人足役の請負いを前提として発足したといってよい。制度発足前の一六四六（正保三）年の国役普請において、旗本竹中重常領の人足が河内国茨田郡出口村にある淀川左岸堤の普請に動員されたことは前述したが、このときは請負人が介在した形跡は認められない。もちろん、当時は、普請の規模により日用人足を用いることもあったことからもわかるように、人足役を請け負うことのできる土木業者は存在していたが、彼らが国役普請人足の部分まで請け負うことはなかったと思われる。とするならば、摂河国役普請制度の成立は、国役普請人足役請負体制の成立であったといういい方もできるのである。

では、幕府はなぜこのような人足役請負体制をとろうとしたのだろうか。それは、なによりも、国役普請をとどこおりなく実現させるためであったと思われる。というのは、国役普請人足役を課された所領村々の人足役負担能力の有無にかかわらず、まずは請負人が普請を行うため、普請がとどこおることはなかったからである。また、幕府に対して、自身の所領の村々に国役普請人足役をまちがいなく果たさせる責任をおっている個別領主側にとっても、これは都合のよい体制であったといえるだろう。普請後、各所領村々は、それぞれの国役普請人足役請負人に対して請負料を支払うのであるが、たとえ村々からの支払いがとどこおったとしても、それはあくまでも、請負人と請負先の所領村々との関係に属することであり、国役普請の実現に影響をあたえることはなかった。

一方、所領村々にとっても、現夫《げんぷ》(実人足)をだすのはたいへんなことであった。実際に誰が人足としてでるのか、それぞれの村から現夫をだす場合、村高から算出される人足数は、ほとんどの場合小数点以下の端数をともなうことになるが、これをどのように処理するのかなど、現実的な問題が存在した。所領村々としては、請負人にまかせるほうが、自分たちで人足を揃えるよりも、はるかに容易であった。

このように、国役普請人足役請負体制は、幕府・領主・所領村々のそれぞれにとってメリットのあるものであった。もちろん、この体制には矛盾関係が存在しなかったわけではなく、とくに、請負料の額をめぐって、請負人と所領村々とが対立する可能性をはらんでいた。一六九八(元禄十一)年、江戸の大坂屋小右衛門《こえもん》なる人物が、摂津・河内両国の幕領の国役普請人足役を安い値段で一手に引き受ける計画を立て、勘定奉行に出願している(河内国志紀郡太田《おおた》村「柏原家文書」)。結果的には、この計画は摂河幕領村々の反対によって失敗するのであるが、これは、その矛盾関係を巧みに利用しようとしたものであった。

④—十七世紀の河川管理制度

堤奉行による河川管理

これまでみてきたように、一六五三（承応《じょうおう》二）年に摂河国役普請《せっかくにやくぶしん》制度が発足し、以後、摂津《せっつ》・河内《かわち》両国の大河川の堤防に対して毎年国役普請が行われるようになった。また、寛文《かんぶん》期・貞享《じょうきょう》期・元禄《げんろく》期に、幕府《ばくふ》中央から派遣された役人によって畿内《きない》河川整備事業が行われ、一六八四（貞享元）年には土砂留制度が発足した。

このように、十七世紀後半期になると、淀川をはじめとする畿内の大河川に対しては、幕府による積極的な河川政策が進められるようになったのであるが、当然のことながら、これらが当時の幕府による河川支配のすべてであったわけではない。洪水時あるいは平常時における川筋維持のための河川管理制度が設けられていた。これを担っていたのは、貞享期畿内河川整備事業が終了する一六八七（貞享四）年以前の段階ではもっぱら堤奉行《つつみぶぎょう》で、この年以降、それに川奉行が加わるようになる。

既述のように、堤奉行は、大坂に役宅がある幕府代官《だいかん》、すなわち大坂代官のうち、原則として二人が兼任するものである。堤奉行が国役普請の指揮・監督を行っていたことはさきにみたとおりであるが、それだけでなく、日常的な河川管理にも携わっていたのである。堤奉行が「摂河堤奉行」といわれることがあったことからもわかるように、管理の対象となった河川は、摂津・河内両国の諸河川で、その他、両国の溜池の支配もつかさどっていた。堤奉行は、一六三一（寛永《かんえい》八）年に設置されたと考えられ、明治維新《いしん》期まで存続した（佐々木、一九六四、村田、一九九五）。堤奉行が統轄していた役所を堤方《つつみかた》役所という。堤奉行は大坂代官であるので、これは、実際には大坂代官役所のなかの一つの部署ということになる。堤方役人は、大坂代官役所に詰めている手代《てだい》である。なお、堤方役所という名称が登場するのは十八世紀のことである。ここでは、堤奉行または堤方役所が、国役普請以外の局面で淀川にかかわった事例をみておこう。

摂津国島上《しまかみ》郡大塚《おおつか》村（現、大阪府高槻《たかつき》市）とその隣村である同郡唐崎《からさき》村（同）は、淀川右岸に位置する村である。十七世紀初期、この両村の境目辺りの淀川筋に六反《たん》七畝《せ》余（一反＝約一〇〇〇平方メートル）の葭島《よしじま》が出現した。これは川中に孤立してできた島ではなく、川岸に接してできた島である。この葭島のうち、二反六畝たらずを大塚村が、四反一畝余を唐崎村が用益していた。ところが、一六五五(明暦《めいれき》元)年にいたり、この葭島が川中にせりだしているとして、川縁の一反二畝余について、葭の刈捨てが命じられた。このとき、葭島を見分《けんぶん》し、この措置を命じたのは堤奉行の豊嶋十左衛門《としまじゅうざえもん》と中村杢右衛門《なかむらもくえもん》であった。同様の措置は、唐崎村の前の淀川にできた五郎右衛門島《ごろうえもんじま》という島についても行われている。すなわち、同年、豊嶋・中村が見分し、やはり葭刈捨てを命じているのである(「唐崎区有文書」『高槻市史』第四巻(二)史料編Ⅲ)。

　この辺りの淀川には、葭が多く生えていた。大塚村から少し淀川をさかのぼったところには、篳篥《ひちりき》▲の蘆舌《ろぜつ》の材料に用いられた「鵜殿《うどの》の葭」で名高い鵜殿村(現、大阪府高槻市)があった。葭は商品価値を有するものであり、葭島の出現は大塚・唐崎両村に恩恵をもたらしたが、川中にせりだしているこれらの島で、毎年冬の葭刈りの時期まで葭を生育させておくことは、治水的観点からすれば、おおいに問題があった。島の存在そのものもさることながら、生育した葭が水の流れの妨げとなるからである。淀川に限らず、堤奉行は、治水的観点に立っ

▼**篳篥**　雅楽《ががく》に用いられる縦笛。吹口《すいくち》に取りつける舌《ぜつ》は葭製で、蘆舌と呼ばれた。

て諸河川の管理を行い、川筋維持につとめていたのである。ここでは、このような河川管理策一般を川中仕置《しおき》と呼んでおこう。

川中仕置が堤奉行の任務であると考えられていたことを示す他の事例を紹介しておく。一六七四(延宝《えんぽう》二)年から翌年にかけ、唐崎村の対岸にある河内国茨《まん》田《だ》郡出口《でぐち》村・三矢《みつや》村(現、大阪府枚方《ひらかた》市)が、両村の前の淀川に存在していた島に堤防を築いた。これは、川中にあるため水をかぶりやすい島中の田畑を水から守るためであるが、このような行為は、水の流れを変え、洪水時に対岸の国役堤に影響をあたえる恐れがあった。そのため、唐崎村などでは、一六七五・七六(延宝三・四)年の二カ年にわたり、堤奉行豊嶋権之丞《ごんのじょう》および大柴六兵衛《おおしばろくべえ》に対し、島にめぐらされた堤防の撤去を願っている(「唐崎区有文書」)。この願いは認められなかったが、このような願いが堤奉行に対して行われること自体、川中仕置が堤奉行の任務であると一般に認識されていたことを示している。

堤奉行は、毎年定例の国役普請の指揮・監督にあたるだけでなく、国役堤破損時の見分をも行っていた。「町奉行所旧記」を構成する史料の一つである「川筋大意」(『大阪市史』第五)には、堤防が破損した際には、堤奉行がただちに見分し、勘定所《かんじょうしょ》に報告したうえで修復を申しつけるとある。また、洪水により淀川左岸堤防が決壊した際には、淀川左岸中・下流域は広範囲に浸水することがあった。その場合は、下流の摂津国東成《ひがしなり》郡野田《のだ》村（現、大阪市都島《みやこじま》区）の淀川左岸堤防を故意に切って溜まった水を淀川に戻すという措置をとった。これを「態《わざ》と切《き》り」という。その最終決定を行うのは大坂町奉行であったが、堤奉行は「態と切り」の判断を行い、大坂町奉行に進言する役割を担っていた。

一七三五（享保《きょうほう》二十）年六月、洪水により、前述の三矢村の淀川左岸堤防が決壊した。京街道《きょうかいどう》（東海道《とうかいどう》）でもある左岸堤防の決壊は、京街道の交通の途絶と左岸中・下流域の広範囲な浸水をもたらした。このとき、「態と切り」が行われ、排水が試みられた。堤奉行は、三矢村堤防が決壊したのち、ただちに復旧工事に取りかかった。また、左岸中・下流域の水がおおむね引いた段階で、「態と切り」が行われた野田村堤防の復旧工事を行っている（河内国茨田郡守口《もりぐち》村「吉田《よしだ》家《け》文書」）。

これは十八世紀の事例であり、「川筋大意」も一七四〇年代の成立と思われるが、この堤奉行の役割を十七世紀にまでさかのぼらせることは可能であろう。

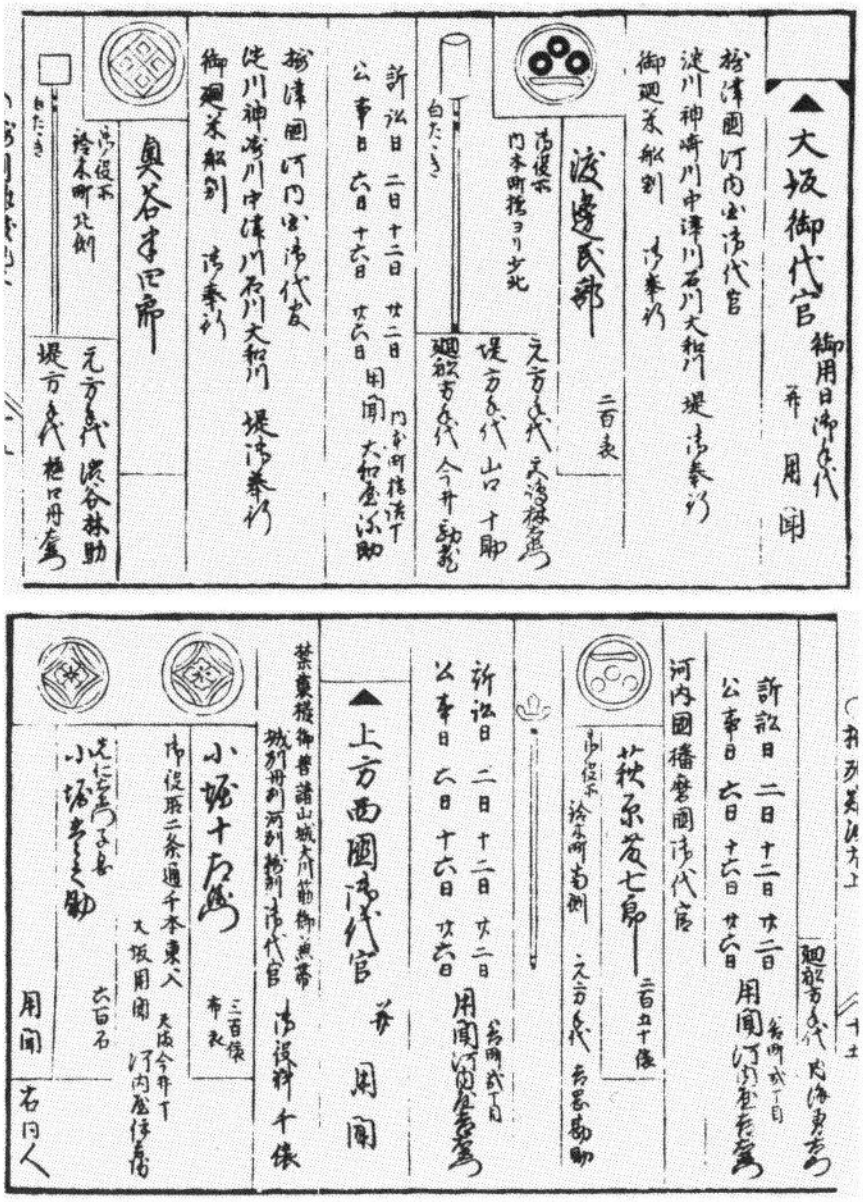

●——1748（延享《えんきょう》5）年の堤奉行（『改正増補　難波丸綱目《なにわまるこうもく》』より）　このときは，「大坂御代官」である渡辺《わたなべ》民部《みんぶ》・奥谷半四郎《おくやはんしろう》・萩原藤七郎《はぎわらとうしちろう》のうちの渡辺と奥谷が堤奉行をかねていた。ともに「淀川・神崎川・中津川・石川・大和川堤御奉行」とあり，それぞれ「堤方手代」の名前も記されている。

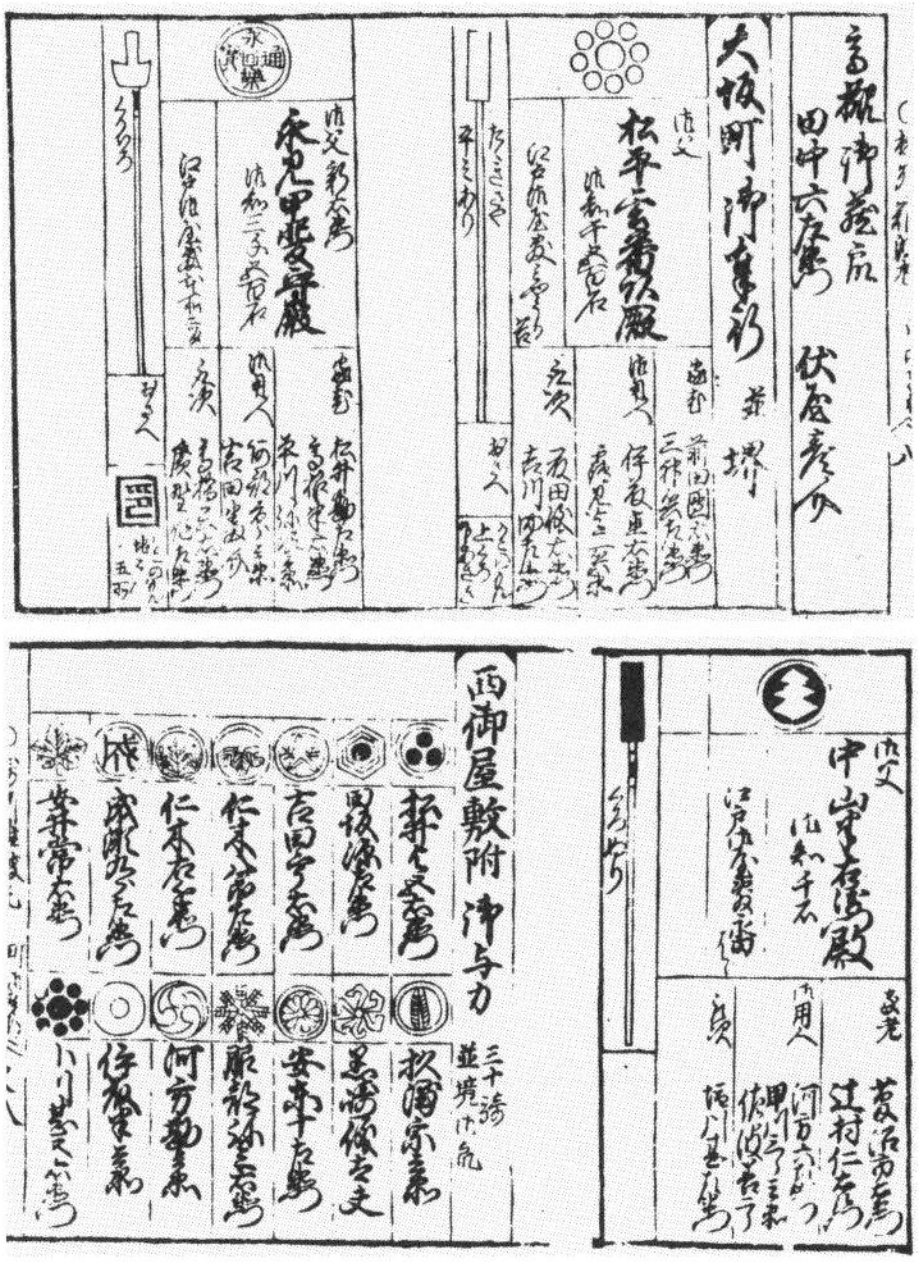

●——1696（元禄9）年『摂津難波丸』にみえる大坂町奉行　松平玄蕃頭《まつだいらげんばのかみ》・永見甲斐守《ながみかいのかみ》・中山半右衛門《なかやまはんえもん》の3人。このときは，堺奉行を吸収して例外的に3人いた。

十七世紀末以前の段階においては、淀川の支配全般を担っていたのは、堤奉行であった。もちろん、国役普請にあたり、大坂町奉行が摂津または河内に所領を有する領主に対して、所領村の庄屋を堤奉行のもとに参集させるよう命じていたように、大坂町奉行の役割も無視できないが、河川沿岸村々にとっては、堤奉行こそが河川管理全般にあたる役人と映っていたことだろう。

川奉行の設置

貞享期、河村瑞賢《かわむらずいけん》らによって大がかりな畿内河川整備事業が行われたことは、さきにみたとおりである。この事業そのものの意義は、水行滞《とどこお》りという事態の改善(土砂留と川浚《かわざらえ》)および舟運の円滑化という寛文期畿内河川整備事業の基調を継承しつつ、加えて大坂の保全と大川における舟運発展を目論んだところにあったが、事業が終了に近づいた段階で河川管理制度を確立したことも、みのがすことはできない。具体的には、大坂町奉行所のなかに、河川管理担当部署を設け、河川管理を強化したことである。

一六八七(貞享四)年正月、老中《ろうじゅう》から大坂町奉行藤堂良直《とうどうよしなお》および小田切直利《おだぎりなおとし》に対し、三カ条の「覚《おぼえ》」(「川筋御用《ごよう》覚書」)が発せられた。その第二条は、「川筋御用については、万事両人が念をいれ申しつけられよ。奉行も、両組(東町奉行所と西町奉行所)の与力《よりき》▲からそれぞれふさわしい者二、三人を選んで任命されよ。大規模な普請をおおせつけられたうえでのことであるから、今後いつまでも、両人は普請にも立ち会い、川筋が埋まらぬようそれぞれ精をだされよ」というものであった。

これは、前年に留守居《るすい》彦坂重紹《ひこさかしげつぐ》と勘定頭《かんじょうがしら》大岡清重《おおおかきよしげ》が老中に対し、水行をよくするために川奉行設置が必要であると進言したことに対応したものである。彦坂・大岡は、一六八三(天和《てんな》三)年に、若年寄《わかどしより》稲葉正休《いなばまさやす》に従って畿内川筋見分を行った経験をもち、畿内諸河川の川筋問題に通じていた。幕府は、莫大な費用をかけた貞享期畿内河川整備事業によって、せっかく治水上の諸問題が解決したにもかかわらず、以後の河川管理をおろそかにしてその成果を無にしてしまうことを恐れたのである。

結局、両組からは、それぞれ二人の与力が川奉行に任命され、下役としてそれぞれ四人の同心《どうしん》▲が付された。彼らは、大坂町奉行所内の一部署としての川方

▼**与力**　大坂町奉行所などの遠《おん》国《ごく》奉行所その他の幕府機関に配置され、実務を担った役人。身分は幕府御家人《ごけにん》。

▼**同心**　大坂町奉行所などの遠国奉行所その他の幕府機関において、与力の指導のもと、諸事務を担った下級役人。

役所を構成することになった。ただ、ここで注意しておくべきことは、さきの「覚」で、大坂町奉行両人が川筋御用全般について申しつけるよう命じられたことである。あくまでも、川筋御用についての権限は大坂町奉行にあり、川奉行は、それを前提に川筋御用の実務を担う存在であった。

この年、大坂町奉行の管轄範囲が、山城国宇治《やましろのくにうじ》以下の淀川筋、同笠置《かさぎ》以下の木津《きづ》川筋、河内国亀瀬《かわちのくにかめのせ》以下の大和川筋、河内国富田林《とんだばやし》以下の石川筋、および摂津・河内のすべての枝川と決められた。これは、摂津・河内の範囲をはるかに超え、山城国内の淀川筋（宇治川）および木津川筋をも含むものであった。大和川付替え以前のこの時期にあっては、これら諸川は淀川水系といってよいが、貞享期畿内河川整備事業終了後、幕府がいかに広範囲にわたる淀川水系の統一的管理の必要性を感じていたかがうかがえよう。

では、大坂町奉行に委任され、川奉行が実務を担った川筋御用の具体的内容とはどのようなものか。これは、さきに紹介した大坂町奉行宛の老中「覚」に、「川筋が埋まらぬようそれぞれ精をだされよ」とあったように、まずは川浚であった。ただし、この川浚は、実際には大坂の川浚であった。実は、一七〇四

(宝永《ほうえい》元)年の大和川付替えのあと、大坂の川筋の水行がよくなったとして川浚が中止され、川奉行もいったん廃止されることになる(翌年、事実上復活)。このことは、幕府が、大坂の川筋の水行をよくし、舟運を円滑にすることを貞享期畿内河川整備事業終了後の第一義的な課題と位置づけていたことをものがたっている。貞享期畿内河川整備事業の大坂重点主義的性格が、ここでも確認されるのである。

もちろん、大坂町奉行は淀川水系全体の管理をまかされたのであり、大坂の川浚だけを任務としたわけではない。大坂町奉行は、一六八七年九月より、淀川・大和川・中津川・木津川沿いの一二カ所に川筋管理に関する高札《こうさつ》を建てるが、この高札に記された事柄が、とりもなおさず同奉行による農村部河川の管理の具体的内容といってよい。高札は五カ条の「条々」を書きつけたもので、それは、(1)川筋の葭は年四回刈りすてよ、また、流作《りゅうさく》▲は禁止する、(2)堤に治水以外の目的でみだりに竹木を植えたり、堤の上に家を建てたりすることは禁止する、(3)川除は本堤だけに行い、外島に川除を行うことは禁止する、(4)川筋の島々にはえている竹木・柳その他雑木・茨《いばら》の類は掘りすてること、外島に葭の

▼流作　洪水により、水をかぶる可能性を前提に開発された田畑、あるいはそのような田畑を開発すること。

根を植えたりさし木をしたりすることは禁止する、(5)外島に小堤を築くことは禁止する、というものであった。つまり、川奉行が実際の実務を担った大坂町奉行による農村部河川の管理とは、水の流れを妨げる原因を取り除くことが基本で、それに加えて堤防保全をも行うというものであった。川奉行は、大坂の川浚、山城国のかなりの部分をも含む淀川水系および摂津・河内の中小諸河川の川中仕置、そして堤防保全をその任務として登場したのである。

このように、一六八七年に大坂町奉行所内に設置された川奉行は、川中仕置を基本的な職務としていた。ところが、前述のように、川中仕置については、当時堤奉行が担当するところであった。川奉行設置にともない、堤奉行の職掌の一つである川中仕置が川奉行に移管されたのだろうか。この点については、次章で述べることにしたい。

⑤—十八世紀以降の変化

大和川の付替え

十八世紀にはいると、畿内《きない》河川政策はいくつかの変化をみせるようになる。その最初のものは大和《やまと》川の付替えである。

前述のように、付替え以前の大和川は、大坂城の北で淀川（大川）に合流していた。その流れは、大まかにいうと次のようであった。大和川は大和国から西流して河内国《かわちのくに》にはいったあと、南から流れてきた石川をあわせ、まもなく二つに枝分かれする。西北方向への流れが長瀬《ながせ》川（久宝寺《きゅうほうじ》川）、北方向への流れが玉《たま》串《くし》川（玉櫛川とも表記する）である。玉串川は、途中で菱江《ひしえ》川（北西方向）と吉田《よしだ》川（北方向）の二派に分かれ、後者は深野池《ふこのいけ》の手前を迂回するように西流したあと新開池《しんかいいけ》に流れ込む。新開池の西南隅から池水が西へ流れ出たところ（河内国若江《わかえ》郡森河内《もりがわち》村〈現、大阪府東大阪市〉）で、菱江川および先の長瀬川の流れが合流し、そのまま西流して大坂城の北で淀川（大川）に合流する。

この流れが、一七〇四（宝永《ほうえい》元）年に大きく変わることになる。すなわち、石

▼**姫路藩**　播磨国飾東《しきとう》郡姫路（現、兵庫県姫路市）に本拠があった譜代《ふだい》藩。藩主の交代は頻繁で、本多氏以降は、榊原《さかきばら》氏、松平氏、酒井《さかい》氏と続いた。石高は一五万石。

▼**岸和田藩**　和泉国南《みなみ》郡岸和田（現、大阪府岸和田市）に本拠があった譜代藩。小出氏、松平氏のあと、一六四〇（寛永《かんえい》十七）年に岡部氏が入部し、以後は明治維新《いしん》期まで同氏が藩主であった。石高は五万三〇〇〇石。

▼**三田藩**　摂津国有馬《ありま》郡三田（現、兵庫県三田市）に本拠があった外様《とざま》藩。一六三三（寛永十）年以降明治維新期まで九鬼氏が藩主で、石高は三万六〇〇〇石。

▼**明石藩**　播磨国明石郡明石（現、兵庫県明石市）に本拠があった藩。小笠原《おがさわら》氏、戸田《とだ》氏、大久保氏、松平氏、本多氏と続いたあと、一六八二（天和二）年に松平氏が入部し、以後明治維新期まで同氏が藩主。石高は六〜八万石を推移した。

川との合流点のすぐ北からまっすぐ西へ付け替えられ、和泉《いずみ》国堺《さかい》の北で海にそそぐことになったのである。新川《しんかわ》開削を中心とする付替普請《ぶしん》は、当初播磨《はりま》国姫《ひめ》路藩《じはん》▲本多氏《ほんだし》が担当したが、本多氏の死去により、一部を幕府《ばくふ》が担当し、残りを和泉国岸和田《きしわだ》藩▲岡部《おかべ》氏、摂津《せっつ》国三田《さんだ》藩▲九鬼《くき》氏、播磨国明石《あかし》藩▲松平《まつだいら》氏、丹波《たんば》国柏原《かいばら》藩▲織田《おだ》氏、大和国高取《たかとり》藩▲植村《うえむら》氏の五大名《だいみょう》が分担した（村田、一九八六）。基本的には大名手伝普請であるが、もちろん幕府中央より派遣された役人の監督のもとに行われたものであり、元禄《げんろく》期畿内河川整備事業の次に位置する事業といってよい。全長一三一町（一四キロ余）の新川を開削するという大工事であるにもかかわらず、わずか八カ月で終了した。日本治水史上、著名な事業の一つとされる。

大和川が付け替えられたのは、古くから同川流域が水害頻発地域であったためである。この地はもともと低湿地で水はけが悪く、そのうえ洪水時には淀川の水が逆流することもあった。この事態を解決すべく、吉田川沿岸の河内国河内郡今米《いまごめ》村（現、大阪府東大阪市）の庄屋《しょうや》であった中甚兵衛《なかじんべえ》らの指導のもと、関係地域村々が連合して付替えの嘆願を繰り返した。もちろん、付替えが実現した場合、新川やその堤防の敷地として土地を取り上げられることになる新川予定地村々は、連合してこれに反対した。

付替実現は一七〇四年であるが、幕府はそのときまで大和川付替計画にまったく否定的な見解をとっていたのかというと、必ずしもそうではない。一六六〇(万治《まんじ》三)年・六五(寛文《かんぶん》五)年・七一(同十一)年・八三(天和《てんな》三)年・一七〇三(元禄十六)年の五回にわたって幕府中央から派遣された役人により、新川予定地あるいは新川予定地候補の見分《けんぶん》が行われている。このほか、一六七六(延宝《えんぽう》四)年には、大坂町奉行《まちぶぎょう》や大坂船手《ふなて》▲ら現地役人による見分もあった。七九ページの表は、以上の内容をまとめたものであるが、1・2・3・5では、新川ルートに杭を打ったり縄を引いたりしている。このうち、2・3の見分は寛文期畿内河川整備事業、5の見分は貞享《じょうきょう》期畿内河川整備事業の一環として行われたものである。1・2・3・5のいずれの見分も、大和川付替えが畿内治水策の選択肢の一つであったことを示している。寛文期畿内河川整備事業においても、また貞享期畿内河川整備事業においても、大和川付替案が採用される可能性はあったのである。

▼柏原藩　丹波国氷上《ひかみ》郡柏原(現、兵庫県丹波《たんば》市)に本拠があった外様藩。十七世紀半ばまで織田氏が藩主であったが、その後幕領となり、一六九五(元禄八)年に織田氏が入部して藩が復活した。以後、明治維新期まで同氏が藩主で、石高は二万石。

▼高取藩　大和国高市《たかいち》郡高取(現、奈良県高市郡高取町)に本拠があった譜代藩。本多氏のあと、一六四〇(寛永十七)年に植村氏が入部し、以後明治維新期まで同氏が藩主であった。石高は二万五〇〇〇石(一八二六〈文政《ぶんせい》九〉年以降二万五〇〇〇石)。

▼大坂船手　大坂の官船を管掌するとともに、大坂の安治川・木津川に出入りする民間廻船《かいせん》を検査した幕府機関で、一六二〇(元和《げんな》六)年に設置された。定員は二人のときもあったが、おおむね一人。

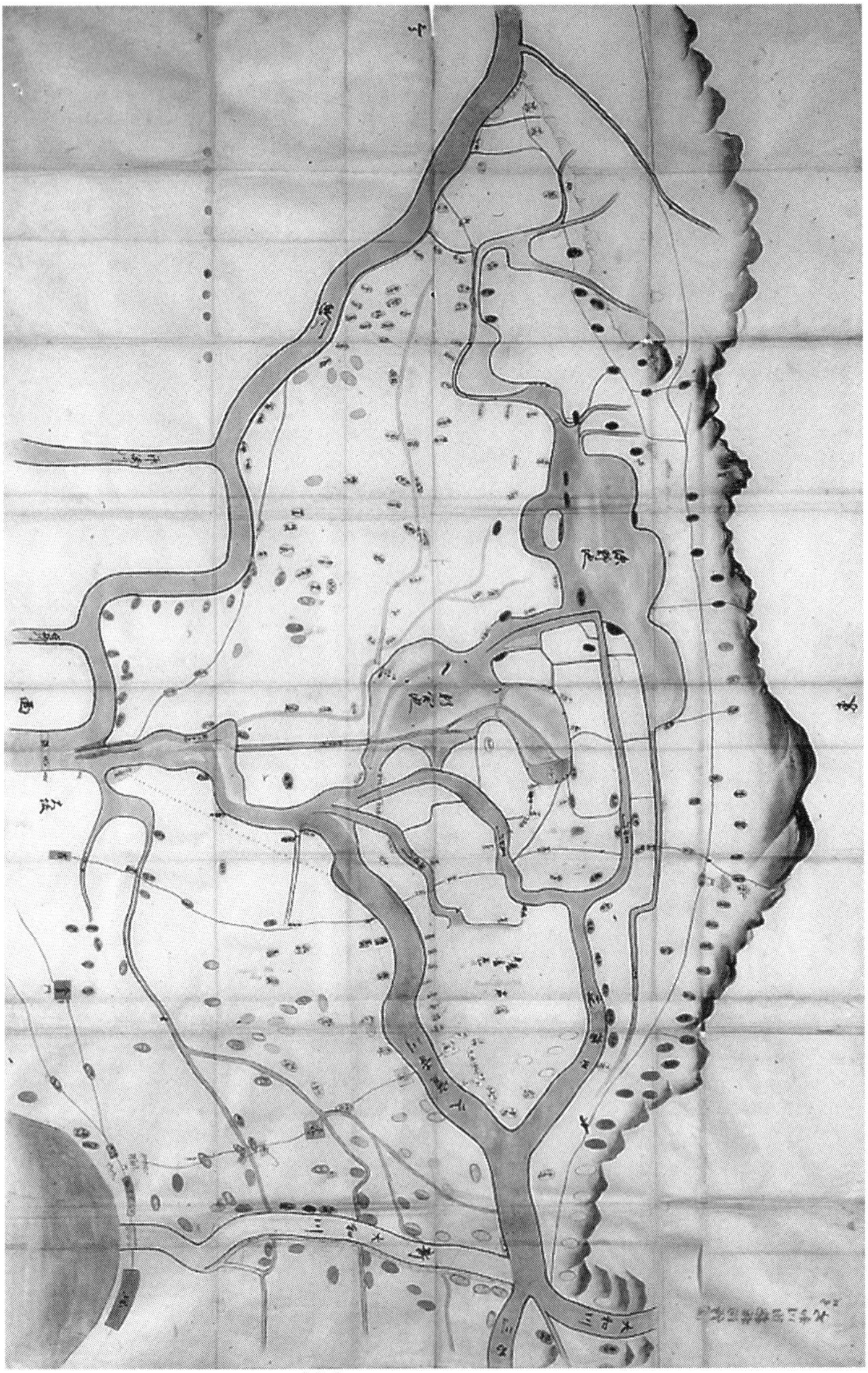

●—大和川付替図(大阪市「中家《なかけ》文書」)　図の下部に，開削後の「新大和川」の流路が示されている。

●—幕府役人による新川予定地見分

	年	内容	出典
1	1660(万治３)	「関東の郡奉行」(『新訂 寛政重修諸家譜』第六)片桐貞昌《かたぎりさだまさ》と勘定頭岡田善政《おかだよしまさ》が，弓削《ゆげ》村・柏原村から住吉《すみよし》手水《ちょうず》橋《ばし》までの新川予定地に間縄《けんなわ》を引かせる。	『八尾市史』史料編
2	65(寛文５)	冬，(おそらく小姓組《こしょうぐみ》松浦信貞《まつうらのぶさだ》・書院《しょいん》番《ばん》阿倍正重《あべまさしげ》が)柏原村から住吉手水橋まで，新川予定地に間縄を引かせる。	『久我家文書』三
3	71(寛文11)	10月，寄合《よりあい》永井直右《ながいなおすけ》・同藤懸長俊《ふじかけながとし》，新川予定地に牓示杭《ぼうじくい》を打たせる。	『松原市史』五
4	76(延宝４)	３月，大坂町奉行彦坂重紹・大坂船手兼代官高林直重《たかばやしなおしげ》・「川御奉行」(堤奉行のことか)・代官が川違《かわたがえ》見分を行う。	『八尾市史』史料編
5	83(天和３)	４月，若年寄《わかどしより》稲葉正休《いなばまさやす》・勘定頭大岡清重《おおおかきよしげ》・大目付《おおめつけ》彦坂重紹が見分し，新川ルート案(船橋《ふなはし》村～田辺《たなべ》村～安立《あんりゅう》町案と船橋村～田辺村～阿部野《あべの》村案)を示す。	『八尾市史』史料編，『松原市史』五
6	1703(元禄16)	若年寄稲垣重富《いながきしげとみ》・勘定奉行荻原重秀《おぎわらしげひで》・目付石尾氏信《いしおうじのぶ》が新川ルートを見分する。	『八尾市史』史料編，『松原市史』五

しかし、寛文期・貞享期・元禄期のいずれの畿内河川整備事業においても、大和川付替案が採用されることはなかった。新川ルートを示すための杭打ちなどは、付替推進派をなだめると同時に、付替反対派の反応をみきわめ、以後の治水策策定の判断材料とすることが目的であったのだろう。いずれにせよ、十七世紀後半期における畿内治水策は、淀川・大和川の未分離状態の維持を前提とするという点では一貫していたのである。

その意味では、淀川・大和川分離策といえる大和川付替えは、それまでの淀川治水、あるいは畿内治水の基調を転換させるものであったといってよい。さきにもふれたように、淀川と大和川を分離させることは、淀川下流の大川の水量減少を招き、大坂の舟運に悪影響をおよぼすことになる。これは、大坂の発展にとって好ましいことではない。貞享期畿内河川整備事業において河村瑞賢《かわむらずいけん》が大和川付替案を斥け、あくまでも淀川河口の安治《あじ》川開削をはじめとする疎通工事を基本にすえることにこだわった理由の一つは、まさにここにあった。大和川付替えは、単に新旧大和川筋の村々にとって重大事であっただけではなく、大坂の舟運、ひいては大坂の経済的発展をも左右する事業だったのである。

付替え後まもなく、瑞賢の危惧は的中することになる。大川の水量が減少し、幕府はなんらかの手立てをする必要に迫られた。一七〇八(宝永五)年、幕府は大坂町奉行大久保忠香《おおくぼただか》に対し、中津川《なかつ》を堰き止め、平常時に水が大川のほうに流れるようにするよう命じた。これを受けた大久保は、淀川・中津川分岐点の三つ頭島《みがしら》の先と、向かい側の淀川左岸柴嶋村《くにじま》(現、大阪市東淀川区《ひがしよどがわ》)から、それぞれ川中に向けて杭を打たせ、常水の水量調節を行っている(「川筋大意」)。

堤外における土地利用策の転換

集落からみて堤防より川側の部分を堤外《つつみそと》という。ここには河川敷や川中にできた洲・島が存在する。これらの土地は、あるものは開発されて田畑《でんばた》となり、あるものは竹木・葭《よし》・柳などが生えるがままとなっていた。もちろん、意図的にこれらの植物を植えている場合もあった。堤外に開発された田畑で、囲い堤のような水を防ぐ施設が設けられていないものが流作場《りゅうさくば》(単に流作ということもある)である。洪水時に水をかぶる可能性が高いため、生産力的にはきわめて不安定な土地である。流作場には、石高《こくだか》をつけず反別《たん》だけをつけることが多かった。

流作場や、堤外の竹木・葭・柳などは水行の妨げとなることが多く、治水的観点よりみれば、あまり好ましいものではなかった。しかし、貞享期畿内河川整備事業以前の段階では、幕府はこれらの存在を全面的に否定していたのではなかった。この幕府の姿勢が転換するのは、貞享期畿内河川整備事業の途中においてである（村田、二〇〇八）。一六八五（貞享二）年十一月、老中《ろうじゅう》が大坂町奉行藤堂良直《とうどうよしなお》に対して具体的な河川管理策などを指示しているが、そのなかに、淀川・大和川筋における流作禁止や葭の刈捨てが含まれていた（『八尾《やお》市史』史料編）。

この方針は、貞享期畿内河川整備事業が終了したあとも維持された。一六八七（貞享四）年六月、この年正月に老中から淀川筋をはじめとする諸川の川筋御《ご》用《よう》を命じられた大坂町奉行両人が、河川管理のあり方について老中に問い合わせ、老中がそれに答えているが（「川筋御用覚書《おぼえがき》」）、そこでは、流作の全面的禁止、水のさわりになる立葭の刈捨てが述べられている。

ところが、流作の全面的禁止や堤外の土地利用制限が、それまで流作場を耕作してきた百姓《ひゃくしょう》や、竹木・葭などを商品あるいは日常生活のために利用してきた百姓、あるいはその地を支配している領主にとって、厳しい措置であったことは容易に想像できる。幕府の方針に対して、各方面からさまざまな反発があったのだろう。幕府は、ふたたび方針転換を余儀なくされることになる。

一六九三(元禄六)年正月、大坂町奉行加藤泰堅《かとうやすかた》が、毎年川筋普請も実施しているので、水行の差しつかえにならないところについては吟味をしたうえで流作を認めてはいかがかと老中にたずねたところ、了承されている(「川筋御用覚書」)。こうして、流作禁止策についてはかなり緩和されることになった。

この緩和策によって、ふたたび堤外における竹木の植付けや流作がふえ、また、流作場を水から守るための囲い堤も設けられるようになった。そのため、幕府は一七一八(享保《きょうほう》三)年二月、大坂町奉行に対して、同奉行の管轄下にある諸河川における流作の禁止と竹木などの取払いを命じるよう指示している。この前年四月には、勘定《かんじょう》奉行伊勢貞敕《いせさだのり》と目付《めつけ》稲生正武《いのうまさたけ》が上方《かみがた》の川筋見分を行い、七月からは稲生の指揮によって淀川上流部沿岸(山城《やましろ》国綴喜《つづき》郡美豆《みず》村〈現、京都市伏見《ふしみ》区〉および摂津国島上《しまかみ》郡広瀬《ひろせ》村〈現、大阪府三島《みしま》郡島本《しまもと》町〉)の部分的な掘割工事

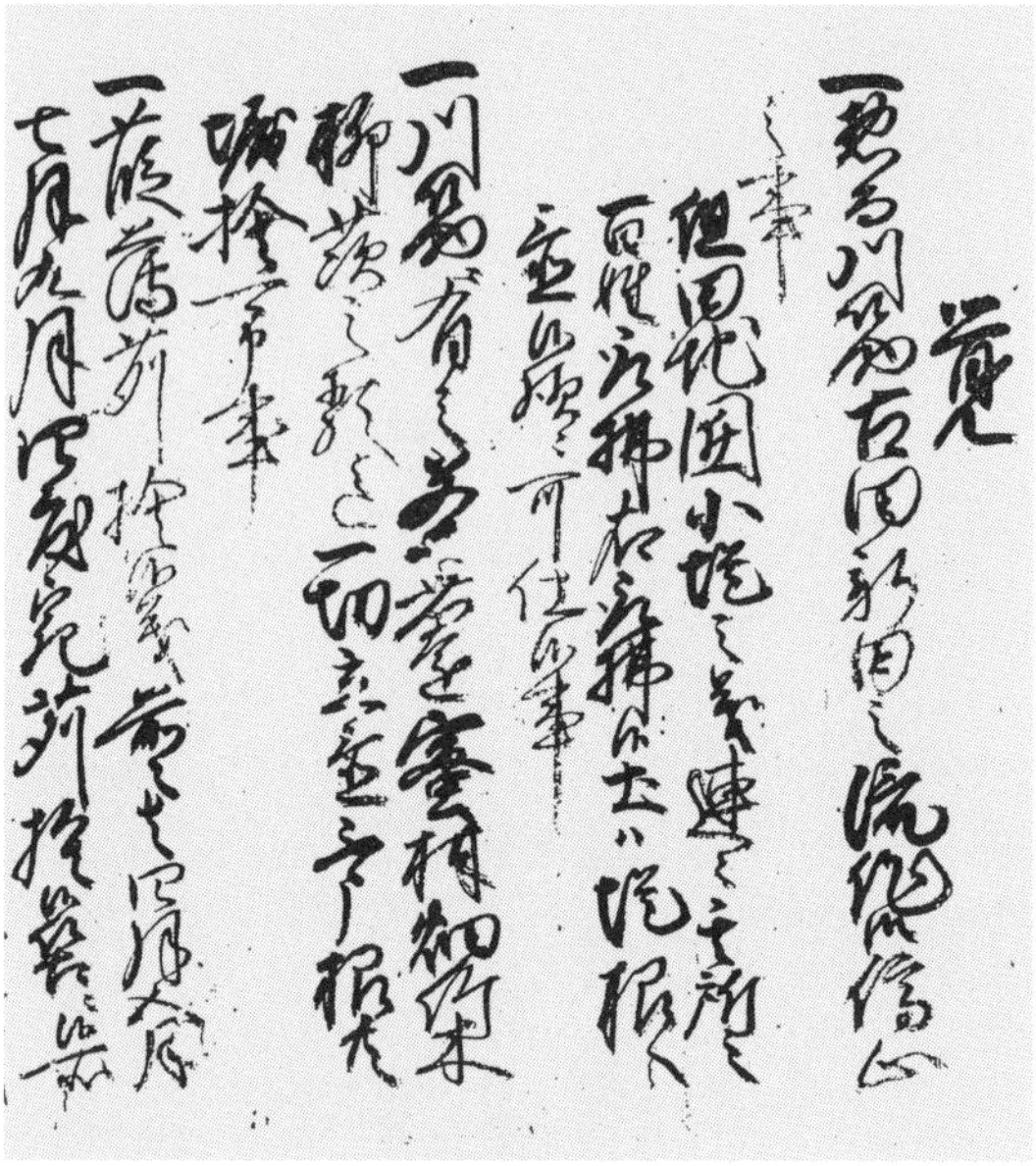

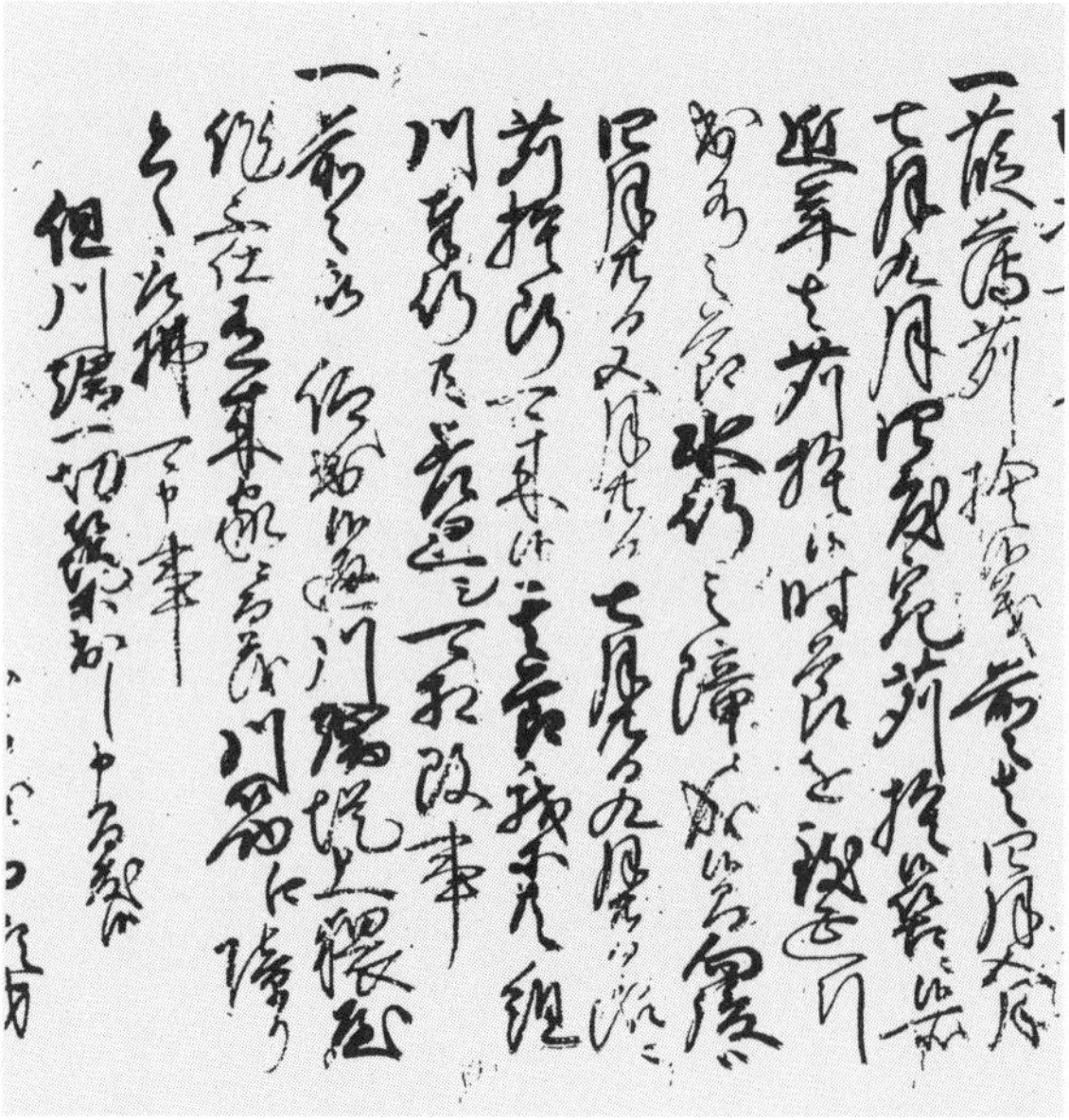

●――流作の禁止などを触れた1718（享保３）年３月の大坂町奉行触（河内国交野郡招提《しょうだい》村〈現，大阪府枚方市〉「片岡家《かたおかけ》文書」）

や、新大和川堤の嵩上《かさあ》げ普請が実施されていた（「川筋御用勤書《つとめがき》」）。これらの見分や普請をとおして、幕府中央は竹木植付けや流作の増加に危機感をいだいたのである。大坂町奉行は、早速老中の指示を実行に移し、六月には堤外の田畑調査に基づく田畑畝高帳《せだかちょう》▲を幕府中央に提出した。ところが、土地利用の実態を正確に把握した幕府は、流作の全面的禁止を撤回し、治水上問題のあるもの以外は、これまでどおりの作付けを認めることにした（「川筋御用勤書」）。流作場には、もちろん私領内のものも多くあり、現実問題として、やはり全面的禁止は困難だったのである。

これ以後は、堤外の土地の開発は、むしろ積極的に行われるようになる。一七二二（享保七）年より、享保の改革▲の主要政策の一つである新田開発奨励策が推し進められるようになるが、淀川その他の畿内諸河川においても、堤外の開発可能地が開発され、流作場となっていったのである。摂津・河内の諸河川の堤外の開発を実際に進めたのは代官玉虫左兵衛《だいかんたまむしさひょうえ》で、各地に関連史料が残っている。たとえば、淀川左岸河内国茨田郡《まんだ》一番村《いちばん》（現、大阪府守口市《もりぐち》）の土地で、淀川のなかにある字田口嶋《たのくちじま》（石高一〇石八斗九升二合）の由来について、一八六四

▼**田畑畝高帳**　田畑一筆《いっぴつ》ごとに石高や反畝歩を記した帳面。

▼**享保の改革**　十八世紀前半期に、八代将軍徳川吉宗《とくがわよしむね》によって進められた幕政改革。年貢増徴および新田開発などによる収入増加と倹約による支出抑制をはかるとともに、足高《たしだか》の制による人材登用、勘定所機構の改革、「公事方御定書《くじかたおさだめがき》」の制定などの諸施策を実施した。

(元治《げんじ》元)年「一番村明細帳」(『守口市史』史料編)は、享保年中(一七一六〜三六)に玉虫によって開発された流作場であると記している。

一七二二年以降も、流作場に囲い堤をめぐらしたり、水制《すいせい》を設置したりすることは引き続き禁止された。しかし、本来流作場は水行の差しつかえとなるものであり、その増加は、水害の危険性をますます高めることになった。幕府は、水害の危険性の増大と引替えに、年貢《ねんぐ》増収をはかる道を選択したのである。大坂町奉行所ではこのことに危機感をもち、「川筋大意」で、「近年は水行がよくなったので流作をおおせつけられたということだが、川筋のためにはよくないことなので、奉行所では今も好まない」と記している。現地当局者である同奉行所は、幕府中央の開発至上主義的な考え方には批判的であった。

畿内国役普請制度の成立

③章で述べたように、一六五三(承応《じょうおう》二)年以降、摂河国役普請《せっかくにやくぶしん》制度が採用され、摂津・河内の大河川、すなわち淀川・神崎《かんざき》川・中津川・大和川・石川の堤防は、毎年摂河両国の各所領村々から石高基準でだされる国役普請人足《にんそく》によっ

て修復が行われていた。堤防以外の部分の普請、すなわち川除《かわよけ》普請は、普請箇所近辺から徴発した人足によって行われた。国役普請人足の数は、一〇〇石当り五人または八人で、前者であれば延べ約三万人、後者であれば延べ約五万人であった。ただし、実際には各所領《しょりょう》村々から人足がだされることはなく、所領ごとに存在した人足役請負人が必要な数の人足を提供し、所領村々は請負人に請負料を支払っていた。

このシステムは、一七二二(享保七)年に大きく変わることになる(以下、村田、一九九五参照)。そのきっかけとなったのは、一七二〇(享保五)年五月に幕府が全国の領主《りょうしゅ》に対してだした国役普請令(『御触書寛保集成《おふれがきかんぽうしゅうせい》』一三五六号)である。これは、一定の所領規模以下の領主が、自力では水害や旱害による被害の復旧ができない場合、その近辺の幕領《ばくりょう》・私領に国役を課し、幕府からも一部援助をして普請を行うことを表明したものである。ここでいう一定の所領規模とは、一国一円または二〇万石である。領主が対応できない普請について、関係地域に等しく負担を課すとともに一部幕府も負担し、幕府主導の普請を行おうとするものであり、国家支配権強化をめざした享保の改革のなかで打ち出された政策であった。実際には、国役普請は摂津・河内や美濃《みの》で早くから行われていたが、幕府はその経験を踏まえたあらたな国役普請制度を構築し、これを全国に適用しようと考えたのである。

国役普請令の発令後、一七二二年までに全国的な国役普請制度が整えられた。それは、いくつかの大河川を組み合わせて一つの単位とし、総普請費用が一定以上になる場合は、その一〇分の一を幕府が負担し、残りを指定された国々に国役として課すというものであった。たとえば、関東地域では、利根《とね》川・荒《あら》川・烏《からす》川・神流《かんな》川・小貝《こかい》川・鬼怒《きぬ》川・江戸《えど》川の七川を一つの単位とし、普請費用が三〇〇〇両から三五〇〇両の場合は武蔵《むさし》・下総《しもうさ》・常陸《ひたち》・上野《こうずけ》の四カ国に国役を賦課し、三五〇〇両以上の場合はこの四カ国に安房《あわ》・上総《かずさ》両国を加えた六カ国に国役を課すことになった。このような河川の組合せは、畿内以外では五つ設定された(「国役普請之儀、享保五年被仰出、国わけ川々金高割合定法」『徳川禁令《きんれい》考《こう》』四〇一〇号)。

さて、畿内の場合であるが、畿内では当初、桂《かつら》川・木津《きづ》川・宇治《うじ》川・淀川・神崎川・中津川という単位と、大和川・石川という単位が設定された。この八川の普請費用(ここでいう普請費用とは、堤普請・川除普請両方の費用である)が一万両以上になった場合は五畿内全体に国役を課し、それ以下の場合は、前者(六川)の費用は、山城国一円、大和国のうちの一一郡、摂津国一円および河内国のうちの九郡に対する国役割、後者(二川)の費用は、河内国のうちの七郡、大和国のうちの四郡および和泉国一円に対する国役割となった。一万両以上・以下のいずれの場合も、総普請費用の一〇分の一は幕府負担と定められた。国役割の郡分けは国役河川との遠近を勘案して決められたのであるが、実際にこの制度を運用してみると、六川のブロックのほうの国役負担が二川のそれより多くなり、不平等が生じるようになった。そのため、一七三一(享保十六)年以降、八川の普請費用が一万両以下であっても五畿内全体に国役が課されることになった(「五畿内大川通国役御普請村懸り之儀書付《かきつけ》」『徳川禁令考』四〇〇六号)。

こうして、一七三一年以降、国役普請の対象となる河川の組合せは全国で六つとなった。なお、一七三二(享保十七)年から五八(宝暦《ほうれき》八)年まで、畿内以外の地域では国役普請が中断している。

一七二二年以降の畿内における国役普請制度を、畿内国役普請制度と呼んでおこう。では、摂河国役普請制度と畿内国役普請制度とは、どこが異なるのだろうか。まず、前者においては、各所領に対して固定化された数(一〇〇石当り五人または八人)の国役普請人足役が賦課されたが、後者においては、総普請費用の一〇分の九が事後(翌年度)に国役銀という形で各村に課された。この新しい賦課方式は、普請費用の上限を撤廃したことを意味する。また、前者から後者へ移行することにより、国役普請人足役そのものが消滅したため、その請負いも不要となった。その結果、それまで所領村々が負担すべき人足役を請け負っていた土木業者は、請負いの機会をなくすことになった。もちろん、新制度のもとにおいても普請自体は行われているので、彼らが国役普請から完全に離れてしまったというわけではない。

次に、普請の対象となる河川(国役河川)と国役の賦課対象については、前者は摂津・河内に存在する大河川(淀川・神崎川・中津川・大和川・石川)の堤防の普請のために、摂津・河内両国に国役普請人足役を課すのに対し、後者は摂津・河内・山城に存在する大河川(右の五川に加え、桂川・木津川・宇治川)の堤防の普請のため五畿内に国役銀を課すものである。後者においては、国役河川が存在しない和泉国および大和国にも国役銀が課されるようになり、負担地域の拡大がはかられている。

以上のことからわかるように、畿内国役普請制度への移行は、普請費用の上限撤廃と負担地域の拡大によって、大規模普請を可能にすることを意図したものであった。摂河国役普請制度のもとでは、国役普請人足のほかに日用《ひよう》人足も普請に従事したが、その数を無制限にふやすことはできなかった。基本的には、固定化された数の国役普請人足の枠内で行われるものであり、一定以上の大規模普請に対応できるものではなかったのである。

ところで、さきに、一七二二年以降、幕府の新田開発奨励策にそって、淀川その他の畿内諸河川において堤外の流作場開発が盛んになり、そのことが水害の危険性を増大させたことを指摘した。この政策転換があった年に畿内国役普請制度が発足したことは、きわめて興味深い。開発路線に転じることによって生ずるひずみを、大規模普請を可能にする畿内国役普請制度によって解決しようとしたのである。だがこれは、堤防強化によって水害を防止しようとする堤防依存傾向をさらに強めることになった。この傾向は開発に拍車をかけ、水害時の被害の更なる増大をもたらすことになる。こうして淀川その他畿内諸河川の治水体制は、またあらたな矛盾をかかえることになった。享保期は、畿内治水体制にとって大きな画期といえるのである。

河川管理制度の変化

前章で述べたように、一六八七（貞享四）年に川中仕置《しおき》を基本的な職務とする川奉行が設置された。一方、十七世紀初期より堤奉行が川中仕置を担当していた。ここで問題になるのは両者の関係であるが、これについては、しばらくは堤奉行による川中仕置が続いていた。淀川筋の例ではないが、一七一六（享保元）年に伊勢《いせ》国長嶋《ながしま》（現、三重県桑名市）の百姓から河内国古市《ふるいち》郡碓井《うすい》村（現、大阪府羽曳野《はびきの》市）の石川筋外島荒場《そとしまあれば》を流作場にしたいという願いが堤奉行にだされた際、同奉行がその荒場を見分している。一方、同じ年、碓井村領主石川氏の役人が、洪水で荒れた石川筋流作場の再開発を大坂町奉行に願い出た際には、川奉行立会いのもとに許可されている（「覚書《おぼえがき》」河内国古市郡碓井村「松倉家《まつくらけ》文書」）。十八世紀初期までは、堤奉行・川奉行の両者がともに川中仕置に携わっており、やや混乱した状況が続いていたようである。川奉行を設置したものの、しばらくのあいだ、大坂町奉行は川中仕置を一元的に掌握しきれないでいたというのが実情であった。

しかし、このころになると、ようやく川中仕置を行うのは川奉行であるという認識が一般にも浸透しつつあったようである。一七一二(正徳《しょうとく》二)年、河内国の恩智川《おんぢがわ》用水組と、旧大和川の水を利用している用水組合である築留樋組《つきとめひぐみ》の両者を巻き込んで繰り広げられた水論の際、築留樋組の一部が大坂町奉行に提出した返答書(『八尾市史』史料編)には、「河内国・摂津国淀川・木津川、其外諸川・井路、水流・土砂」は大坂町奉行の担当と理解しているとある。川中仕置の中心である「水流」(すなわち水行)管理は、大坂町奉行の担当であると認識されていたのである。

なお、「土砂」は土砂留のことであるが、これは、各土砂留担当大名《だいみょう》によって行われていた摂津・河内の土砂留事業を、大坂町奉行が統轄していたことをさす。すでに述べたように、近江《おうみ》・山城・大和・摂津・河内にわたる土砂留制度の発足は一六八四(貞享元)年であるが、当初は京都町奉行が全体を統轄していた。ところが、一六八九(元禄二)年、摂津・河内両国に関しては大坂町奉行が統轄することになった。

　こうして、淀川などの大河川では、国役堤に関する事柄—その中心は国役普請である—は堤奉行、川中仕置は川奉行という分担体制が定着するようになった。この分担体制がはっきりと示されている事例を紹介しておこう。すなわち、一八三八(天保《てんぽう》九)年三月十五日、巡見使《じゅんけんし》の通行に際して、淀川右岸の摂津国島上郡高浜《たかはま》村(現、大阪府三島郡島本町)が堤方役所と大坂町奉行所川方役所に対し、別々に口上書《こうじょうしょ》を提出しているが、前者は国役堤を自普請で修繕したいという断わり、後者は渡し場を浜土俵《はまどひょう》▲で修繕したいという断わりであった(高浜村「西《にし》田《だ》家《け》文書」)。

　川奉行あるいは川方役所の役割に関しては、もう一つみのがせないことがある。それは、洪水時に、彼らが諸河川の堤防保全につとめていることである。一八〇四(文化《ぶんか》元)年八月、洪水により、河内国茨田郡仁和寺《にわじ》村(現、大阪府寝屋《ねや》川《がわ》市)国役堤が危険な状態になった。増水により、堤防各所から水が噴きだしたのである。村では決壊防止につとめたが、川方役所からも役人たちが交代で

▼**土俵**　土を詰めた俵。

出向き、決壊防止のための措置を講じている。その甲斐あって、堤防は事なきをえた。このとき大坂町奉行所は、川方役人を派遣しただけではなく、明俵や縄も下付している。混乱がおさまった同年九月には、同村の村役人が大坂町奉行に対してお礼の口上書を提出している（河内国茨田郡仁和寺村「東家《ひがしけ》文書」『寝屋川市史』第五巻）。国役堤に関することではあるが、洪水時においては、堤奉行（あるいは堤方役所）よりも川奉行（あるいは川方役所）の働きのほうがめだつ。前述のように、洪水時にあっては、堤奉行も国役堤の破損状況の見分や淀川下流左岸堤防の「態《わざ》と切《き》り」の進言を行うなど、重要な役割を果たしていたが、実際の水防活動の指揮は、基本的には川奉行たちによって行われていたようである。

河川管轄の変更

その他の変化についてもふれておこう。一六八七（貞享四）年に、大坂町奉行が管轄する川筋の範囲が、宇治以下の淀川筋、笠置《かさぎ》以下の木津川筋、亀瀬《かめのせ》以下の大和川筋、富田林《とんだばやし》以下の石川筋、および摂津・河内のすべての枝川と定められたことは、前に述べた。

その後、一七一八(享保三)年および三七(元文《げんぶん》二)年に、同奉行の管轄範囲の変更があった(「川筋御用覚書」)。一七一八年の変更は、大和川(付替え後の新大和川と、小河川として存続した旧大和川の両方)・石川を堺《さかい》奉行▲の管轄とするとともに、淀《よど》小橋《こはし》より上流の淀川、すなわち宇治川と木津川を伏見奉行▲の管轄にするというものであった。この結果、木津川が大坂町奉行の管轄外となるとともに、淀川についても、同奉行の管轄範囲が淀小橋以下の部分に限定されることになった。この年は、幕府がいったん流作の全面的禁止を打ち出しながらすぐにそれを撤回した年である。以後、幕府の堤外地土地利用策は積極策に転じることになる。

一七三七年の変更は、淀川のうち、淀小橋より下流の山城国の部分(淀小橋から河内国交野《かたの》郡楠葉《くずは》村〈現、大阪府枚方《ひらかた》市〉および摂津国島上郡広瀬村〈現、大阪府三島郡島本町〉まで)を京都町奉行の管轄とし、大坂町奉行の管轄範囲を摂津・河内両国内に限定したものである。

この二度の変更によって、大坂町奉行が管轄する川筋範囲は、摂河両国内に限られることになり、しかも摂河両国を流れる大和川・石川は管轄外となった。

▼**堺奉行**　遠国《おんごく》奉行の一つで、一六〇〇(慶長《けいちょう》五)年の設置という。堺を支配するとともに、和泉国一国に対しても寺社支配などの広域支配権を有していた。老中支配で定員一人。与力《よりき》・同心《どうしん》が付属していた。

▼**伏見奉行**　遠国奉行の一つで、一六〇〇(慶長五)年に設置された。伏見を支配したほか、京都御所《ごしょ》の警備なども担当した。老中支配で定員一人。与力・同心が付属していた。十七世紀は旗本《はたもと》役であったが、一六九八(元禄十一)年以降大名役となった。

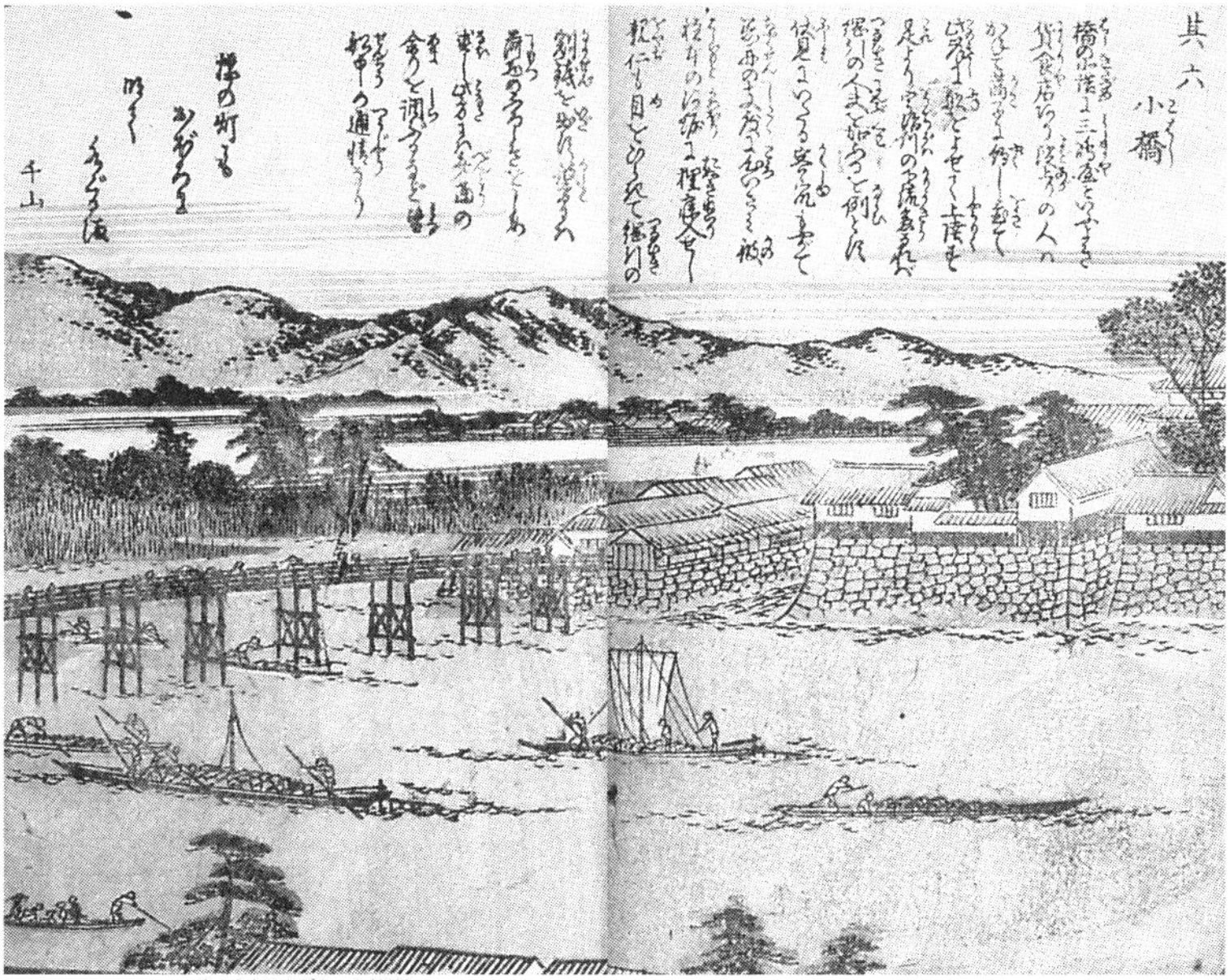

●──淀小橋(松川半山《まつかわはんざん》『澱川《よどがわ》両岸一覧』より)

そもそも大坂町奉行の管轄範囲があまりにも広すぎ、また、大和川の付替えという事態も加わったため、実情に応じた分担体制をとったということであろう。

こうして、淀川についていえば、淀小橋より上流が伏見奉行、淀小橋から楠葉村・広瀬村までが京都町奉行、両村から大坂河口までが大坂町奉行の担当となり、三奉行がかかわることになった。その結果、上流・下流の利害が絡む淀川治水問題については、関係奉行(奉行所)間で調整をはからねばならなくなった。

近代的治水の起点

一八八五（明治十八）年夏、未曾有《みぞう》の大洪水があり、淀川筋は大規模な水害に見舞われた。これがきっかけとなり、淀川改修の必要性が広く認識されるようになった。このこととも関連して、舟運の条件整備と灌漑《かんがい》用水の確保を基調とする明治初年以来の河川行政のあり方を治水中心のものに変更しようとする動きがあり、一八九六（明治二十九）年に河川法が制定された。この河川法に基づき、早速淀川は内務大臣により公共の利害に重大な関係のある河川と認定された。これを出発点として、同年より淀川改修事業が着手された。工事は一九一〇（明治四十三）年に終了した。

この改修事業は、近世以来の淀川の姿を大きく変えるものであった。下流では、現在の守口《もりぐち》市佐太《さた》から中津川《なかつがわ》河口まで長さ約一六キロの新淀川放水路が設けられた。これは、淀川を直線化することによって洪水時の水を早く海に流そうとするもので、もともとの淀川・中津川の河道も利用されたが、あらたに河道となった部分も多かった。中流では、枚方《ひらかた》付近での拡幅工事、淀付近での宇《う》治《じ》川の付替えと宇治川・桂《かつら》川合流点の変更などが行われた。上流瀬田《せた》川では、浚渫《しゅんせつ》と拡幅、流量調節のための南郷洗堰《なんごうあらいぜき》の設置が行われた(『淀川百年史』)。現在われわれがみる淀川は、この明治期改修事業によって大変貌をとげたあとの姿である。

以上、治水史的観点から近世淀川の歴史をたどってきた。それ以前の時代とは異なり、近世においては、強大な国家権力を背景として、大規模な治水事業が実施されるとともに、国役普請制度にみられるような高度の治水システムが構築されていた。また、とりわけ積極的な開発策に転じた享保《きょうほう》期以降は、河川を強固な堤防によって制御しようとする姿勢が強まった。その意味では、現在の淀川治水の出発点は近世にある。明治期淀川改修事業は、その規模といい、用いられた土木技術のレベルといい、近世に行われた諸事業とは格段の差があ

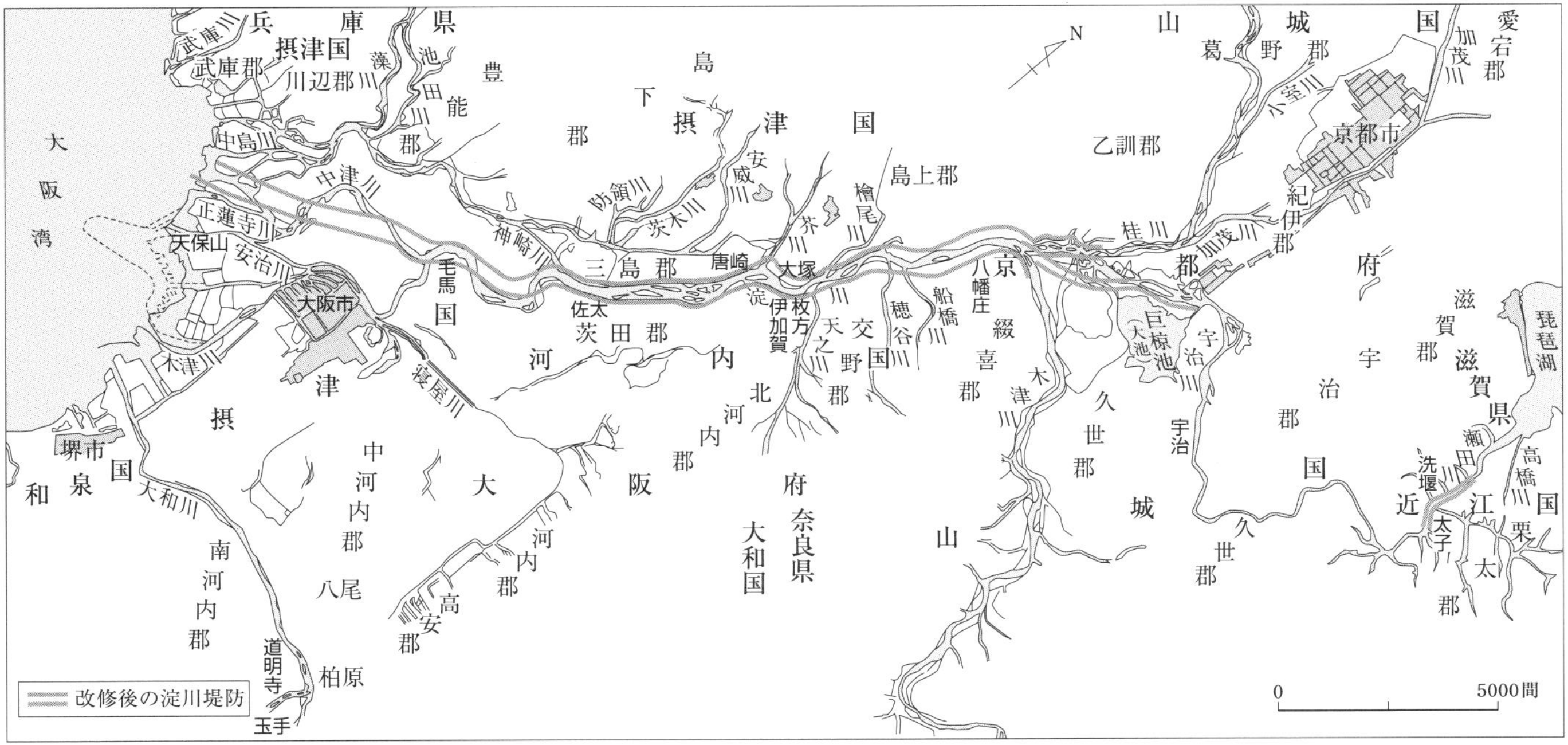

●——明治の淀川改修（武岡充忠『淀川治水誌』〔1931〈昭和６〉年〕より）

るが、紛れもなく近世的な治水のあり方を継承・発展させたものといってよいのである。

現在、淀川に限らず、治水のあり方には根本的な検討が加えられつつある。その際、近代的治水の起点となった近世の治水を振り返ることは、けっして無駄なことではない。本書がその一助となれば幸いである。

●──写真所蔵・提供者一覧(敬称略，五十音順)

赤松道栄　p. 84
アルカンシェール美術財団　カバー裏
石川正巳　p. 45
岩井宏実編『江戸時代図誌 第18巻 畿内二』筑摩書房　カバー表, p. 3
宇治市歴史資料館　p. 9
大阪城天守閣　p. 27上，45
大阪大学大学院文学研究科日本史研究室　扉, p. 36上, 97
大阪府立中之島図書館　p. 37
柏原市立歴史資料館　p. 78
国際日本文化研究センター　p. 33
国立国会図書館　p. 69下
個人　カバー表, p. 3
造幣博物館(http://www.mint.go.jp/qa/museum/tenjihin08.html)
p. 27下
東京国立博物館・Image:TNM Image Archives Source:http://TnmArchives.jp/　p. 36下
中尾松泉堂書店　p. 69上
中九兵衛(N-090201)　p. 78
枚方市教育委員会　p. 13
枚方市立中央図書館　p. 21, 51, 84
三宅寛　p. 21

村田路人「近世前期の瀬田川浚普請」『琵琶湖博物館開設準備室研究調査報告』8, 1996年
村田路人「近世の地域支配と触」『歴史評論』587, 1999年
村田路人「宝永元年大和川付け替えの歴史的意義」大和川水系ミュージアムネットワーク編『大和川付け替え三〇〇年—その歴史と意義を考える—』雄山閣出版, 2007年
村田路人「一七世紀摂津・河内における治水政策と堤外地土地利用規制」『枚方市史年報』11, 2008年
村田路人「堤外地政策からみた元禄・宝永期における摂河治水政策の転換」『大阪大学大学院文学研究科紀要』50, 2010年
村田路人「享保初年における幕府派遣役人の上方川筋見分・普請と堤外地政策」『枚方市史年報』13, 2010年
村田路人「享保改革期における京都代官玉虫左兵衛の堤外地開発事業」『大阪商業大学商業史博物館紀要』12, 2011年
村田路人「近世治水史研究の新たな試み—堤外地政策から治水をみる—」『歴史科学』209, 2012年
村田路人「吉宗の政治」大津透・桜井英治・藤井讓治・吉田裕・李成市編『岩波講座　日本歴史』第12巻近世３, 岩波書店, 2014年
村田路人「堤外地政策からみた近世の開発と治水」『歴史科学』245, 2021年
村田路人「近世における堤防保全策」『枚方市史年報』25, 2023年
守口市史編纂委員会編『守口市史』史料編, 大阪府守口市, 1962年
八尾市史編纂委員会編『八尾市史』史料編, 大阪府八尾市, 1960年

高柳光寿ほか編『新訂 寛政重修諸家譜』第二, 続群書類従完成会, 1964年
高柳光寿ほか編『新訂 寛政重修諸家譜』第六, 続群書類従完成会, 1964年
高柳光寿ほか編『新訂 寛政重修諸家譜』第十五, 続群書類従完成会, 1965年
武岡充忠『淀川治水誌』淀川治水誌刊行会, 1931年
塚本学「諸国山川掟について」『信州大学人文学部人文科学論集』13, 1979年
鉄川精・田村利久・松岡数充『淀川―自然と歴史―』松籟社, 1979年
東京帝国大学文学部史料編纂掛編『大日本古文書　家わけ第九 吉川家文書之二』東京帝国大学, 1926年
寝屋川市史編纂委員会編『寝屋川市史』第五巻, 大阪府寝屋川市, 2001年
農林省編『日本林制史資料　津藩・彦根藩』朝陽会, 1931年, のち1971年に臨川書店より復刻
能勢町史編纂委員会編『能勢町史』第３巻, 大阪府豊能郡能勢町, 1975年
服部敬『近代地方政治と水利土木』思文閣出版, 1995年
林屋辰三郎・藤岡謙二郎編『宇治市史』２, 京都府宇治市役所, 1974年
枚方市教育委員会・(財)枚方市文化財研究調査会編『枚方宿の陶磁器』枚方市教育委員会・(財)枚方市文化財研究調査会, 2001年
枚方市史編纂委員会編『枚方市史』第八巻, 大阪府枚方市, 1971年
福山昭「河村瑞賢と大坂」『大阪の歴史』４, 1981年
福山昭『近世日本の水利と地域―淀川地域を中心に―』雄山閣出版, 2003年
藤野良幸「淀川の治水史」『アーバンクボタ』16, 1978年
松原市史編さん委員会編『松原市史』第三巻, 大阪府松原市, 1978年
松原市史編さん委員会編『松原市史』第五巻, 大阪府松原市, 1976年
水本邦彦『近世の村社会と国家』東京大学出版会, 1987年
水本邦彦『日本史リブレット52　草山の語る近世』山川出版社, 2003年
水本邦彦「近世の自然と社会」歴史学研究会・日本史研究会編『日本史講座』６, 東京大学出版会, 2005年
箕面市史編集委員会編『箕面市史』史料編五, 大阪府箕面市, 1972年
武藤誠・有坂隆道編『西宮市史』四資料編Ⅰ, 兵庫県西宮市, 1962年
村田路人「宝永元年大和川付替手伝普請について」『待兼山論叢』史学篇20, 1986年
村田路人『近世広域支配の研究』大阪大学出版会, 1995年

●——参考文献

新井白石「畿内治河記」(今泉定介編輯・校訂『新井白石全集』第三, 吉川半七発行, 1906年)

宇治川護岸遺跡(太閤堤)現地説明会(2007年9月8日)資料(宇治市歴史資料館作成)

大石慎三郎校訂『地方凡例録』下巻, 近藤出版社, 1969年

大阪市編『大阪市史』第一, 大阪市, 1913年

大阪市編『大阪市史』第五, 大阪市, 1911年

大阪市立中央図書館市史編集室編『大阪編年史』第二巻, 大阪市立中央図書館, 1967年

大阪市立中央図書館市史編集室編『大阪編年史』第六巻, 大阪市立中央図書館, 1969年

大阪市立博物館編『第125回特別展　歴史のなかの淀川』大阪市立博物館, 1995年

柏原市史編纂委員会編『柏原市史』第五巻史料編(Ⅱ), 大阪府柏原市, 1971年

川島孝「近世国役普請についての一考察—河州新大和川筋を対象として—」『歴史研究』21, 1980年

建設省近畿地方建設局編『淀川百年史』建設省近畿地方建設局, 1974年

建設省近畿地方建設局編『河川工学百年の歩みと淀川』近畿建設協会, 1978年

建設省近畿地方建設局監修『淀川　その治水と利水』国土開発調査会, 1984年

小出博『利根川と淀川—東日本・西日本の歴史的展開—』中央公論社, 1975年

国学院大学久我家文書編纂委員会編『久我家文書』第三巻, 続群書類従完成会, 1985年

国書刊行会編『史籍雑纂』第二, 国書刊行会, 1911年

佐々木潤之介『幕藩権力の基礎構造』御茶の水書房, 1964年

島本町史編さん委員会編『島本町史』史料編, 大阪府三島郡島本町, 1976年

副島種経校訂『本光国師日記』第四, 続群書類従完成会, 1970年

高槻市史編さん委員会編『高槻市史』第四巻(二)史料編Ⅲ, 大阪府高槻市, 1979年

日本史リブレット93

近世《きんせい》の淀川《よどがわ》治《ち》水《すい》

2009年4月25日　1版1刷　発行
2024年8月25日　1版4刷　発行

著者：村田路人《むらたみちひと》

発行者：野澤武史

発行所：株式会社 山川出版社

〒101－0047　東京都千代田区内神田1－13－13
電話 03(3293)8131(営業)
　　 03(3293)8135(編集)
https://www.yamakawa.co.jp/

印刷所：信毎書籍印刷株式会社

製本所：株式会社 ブロケード

装幀：菊地信義

ISBN 978-4-634-54705-6

日本史リブレット　第Ⅰ期［68巻］・第Ⅱ期［33巻］　全101巻

1 旧石器時代の社会と文化
2 縄文の豊かさと限界
3 弥生の村
4 古墳とその時代
5 大王と地方豪族
6 藤原京の形成
7 古代都市平城京の世界
8 古代の地方官衙と社会
9 漢字文化の成り立ちと展開
10 平安京の暮らしと行政
11 蝦夷の地と古代国家
12 受領と地方社会
13 出雲国風土記と古代遺跡
14 東アジア世界と古代の日本
15 地下から出土した文字
16 古代・中世の女性と仏教
17 古代寺院の成立と展開
18 都市平泉の遺産
19 中世に国家はあったか
20 中世の家と性
21 武家の古都、鎌倉
22 中世の天皇観
23 環境歴史学とはなにか
24 武士と荘園支配
25 中世のみちと都市
26 戦国時代、村と町のかたち
27 破産者たちの中世
28 境界をまたぐ人びと
29 石造物が語る中世職能集団
30 中世の日記の世界
31 板碑と石塔の祈り
32 中世の神と仏
33 中世社会と現代
34 秀吉の朝鮮侵略
35 町屋と町並み
36 江戸幕府と朝廷
37 キリシタン禁制と民衆の宗教
38 慶安の触書は出されたか
39 近世村人のライフサイクル
40 都市大坂と非人
41 対馬からみた日朝関係
42 琉球の王権とグスク
43 琉球と日本・中国
44 描かれた近世都市
45 武家奉公人と労働社会
46 天文方と陰陽道
47 海の道、川の道
48 近世の三大改革
49 八州廻りと博徒
50 アイヌ民族の軌跡
51 錦絵を読む
52 草山の語る近世
53 21世紀の「江戸」
54 近代歌謡の軌跡
55 日本近代漫画の誕生
56 海を渡った日本人
57 近代日本とアイヌ社会
58 スポーツと政治
59 近代化の旗手、鉄道
60 情報化と国家・企業
61 民衆宗教と国家神道
62 日本社会保険の成立
63 歴史としての環境問題
64 近代日本の海外学術調査
65 戦争と知識人
66 現代日本と沖縄
67 新安保体制下の日米関係
68 戦後補償から考える日本とアジア
69 遺跡からみた古代の駅家
70 古代の日本と加耶
71 飛鳥の宮と寺
72 古代東国の石碑
73 律令制とはなにか
74 正倉院宝物の世界
75 日宋貿易と「硫黄の道」
76 荘園絵図が語る古代・中世
77 対馬と海峡の中世史
78 中世の書物と学問
79 史料としての猫絵
80 寺社と芸能の中世
81 一揆の世界と法
82 戦国時代の天皇
83 日本史のなかの戦国時代
84 兵と農の分離
85 江戸時代のお触れ
86 江戸時代の神社
87 大名屋敷と江戸遺跡
88 近世商人と市場
89 近世鉱山をささえた人びと
90 「資源繁殖の時代」と日本の漁業
91 江戸の浄瑠璃文化
92 江戸時代の老いと看取り
93 近世の淀川治水
94 日本民俗学の開拓者たち
95 軍用地と都市・民衆
96 感染症の近代史
97 陵墓と文化財の近代
98 徳富蘇峰と大日本言論報国会
99 労働力動員と強制連行
100 科学技術政策
101 占領・復興期の日米関係